细节决定成败

小嶋老师的
点心教室

（日）小嶋留味　著

张岚　译

辽宁科学技术出版社

沈阳

小嶋留味

　　小嶋留味作为一名女性制果先驱者，在东京小金井经营着自己的CAKE SHOP&CAFE小店和"OVEN·MITTEN"点心制作教室。她擅长烘焙点心、蛋挞、黑森林蛋糕、泡芙等糕点。这家点心店中陈列的商品，均出自所有女性店员之手，糕点中充满了温暖人心的力量。

　　小嶋老师的点心制作教室，能够深入浅出的传授专业点心制作技巧。这正是点心教室创办20多年的秘诀所在。来这里学习的学生遍布各地，最近更有学生特意从中国远道而来呢。

　　只要按照小嶋老师的制作方法，在家里也能简单再现出"本以为只有专业人士才能烘焙出的味道"！正是因为如此，小嶋老师才受到了众多读者的喜爱和支持。
小嶋老师除了在日本NHK电视台的料理制作节目中教授制作糕点以外，还出版了《小嶋老师的蛋糕教室》、《小嶋老师的美味点心秘诀》等多部与点心制作相关的书籍。

摄　　　影	渡边文彦
设　　　计	野泽享子
制 作 助 手	古岩井爱子
	比嘉绿
	高桥由布子
发 行 人	大沼淳

制作美味点心的捷径

　　我制作点心的时候，在自己真心认为"好吃"之前，都会反反复复地不停制作。

　　我制作的点心基本都能品味到原材料本身的味道，因为我个人比较喜欢张扬面粉、鸡蛋、黄油、鲜奶油等材料本身的风味。有时候，我也会想制作加入一些其他原料，但是又会给人留下深刻印象的点心。这时候，我就会加些水果、坚果、茶叶、巧克力等辅料。而这些辅料的选择，绝对不是偶然的。

　　不仅仅是材料的细致调和，还有打制蛋白霜的泡沫以及混合方法等制作过程的一点一滴，都会对最后成型的点心口味产生巨大的影响。为了能水平稳定地做出理想状态的蛋糕坯，需要不断尝试，直到所有困惑都得以解决为止。再向下一个高度进阶的时候，就需要像此书一样的菜单了。

　　所以我很清楚，各位在实际制作点心的时候会遇到各种各样的疑惑。

　　如果不能尽可能地解决这些疑惑，我也没有办法向您传递点心的美味。而对于喜欢吃点心、喜欢做点心、想知道更多关于美味的秘密的朋友们，请一定通读此书，每一款点心都尝试做一下。恐怕按部就班地试着操作以后才会发现，貌似琐碎的事情其实也会出人意料地发生偏差。所以，就请反复地尝试吧！然后把这些珍贵的体验融合到这本点心食谱中来。

　　从起点出发，慢慢体验到小小的进步，开始真正的制果生涯。之后的每一点进步都应该是令人兴奋的体验吧。如果本书能为您的每一点进步做出小小的启蒙，我将万分欣喜。

　　　　　　　　　　　　　　　　小嶋留味

目录 Contents

◆ 第一章 ◆

●挑战禁忌、众爱所归的泡芙

◆ 第二章 ◆

●不过分烘焙的美味点心

◆ 第三章 ◆

● 用纹理粗犷的蛋白霜来做点心

◆ 第四章 ◆

● 用纹理细腻的蛋白霜来做点心

◆ 第五章 ◆

● 用搅拌好的黄油制作出脆酥饼（Pâtebrisée）

◆ 第六章 ◆

● 在烤箱里煮出来的点心

◆ 第七章 ◆

● 打发方法与和面方法，孕育出与众不同

　 的磅蛋糕

◆ 第八章 ◆

● 口味绝伦的冷凝点心

道具的选择与使用

即使是相同的材料、相同的配比，也会由于使用的盆、刮板等的差别或者是蛋白霜打泡方法、搅拌方法的不同，而导致蛋糕坯的状态发生变化。如果这样，蛋糕的味道也会自然而然地发生变化。

秤

如果你看了蛋糕食谱就会明白，称量的精度单位要精确到1g。看起来似乎很麻烦，但是如果选择电子秤的话就完全不需要大费周折了。其实，即使是小小几克的差别，蛋糕的味道和口感也会发生变化。使用电子秤，更便于计算材料的增减。所以，称量材料的时候请一定选用电子秤。

温度计

黄油、蛋白霜泡沫的状态，以及材料混合的状态都会在蛋糕制作的过程中渐渐发生变化。如果你有这样一个红外线电子温度计，就可以在制作的过程中随时按一下开关，来随时测量温度变化。这是不是一种快乐呢？

小盆

照片中的小盆几乎会出现在每一个需要用盆的场合。适当的深度和圆润的形状非常适合搅拌黄油和鸡蛋。还有一个好处就是材质轻巧，便于使用。使用100~150g黄油来做磅蛋糕，或用100~200g的鸡蛋来做海绵蛋糕类的点心时，均可选择内盆径为21cm的L形盆。照片中的小盆是"无印良品"家的哦。

衬纸

这是铺垫在模型里的衬纸。使用衬纸的目的不仅仅是要便于脱模操作，更是通过它来适度吸收水分和油分，保证蛋糕坯更紧致密实。另外，使用衬纸还能有效防止遇热膨胀的蛋糕在遇冷后全部塌陷。所以与表面光滑的烘焙纸（baking paper）相比，有些场合"制果专用牛皮纸（kraft paper）"或"草纸"更合适一些。本书当中，"香草磅蛋糕"、"柳橙口味仲夏蛋糕"和"奶油夹心蛋糕卷"这几种款式都应该使用后者的衬纸。

粉筛

为使面粉的均匀混合能更方便快捷，利用过滤道具筛面粉是一道必不可少的步骤。这个时候不应该使用万能笊篱，而应该选择专用的细孔过滤器。

●万能笊篱

筛杏仁等坚果的粉末，或白砂糖、粉类等材料时，更适合使用不锈钢万能笊篱。

筛面粉

1

面粉为什么会出乎意料地散落一片？原因在于用什么接面粉。本人推荐使用大白纸接面粉。筛面粉的时候手的动作要快，让面粉随着筛子的摆动与空气一起自然飘落。用这样的方法，不会让面粉承受太大的外力。最后用手把面粉全部抖掉，保证所需面粉能全部筛完。

2

最重要的是往盆里倒的时候要小心慎重。面粉应该沿着纸的纵向对折线轻轻滑落至盆里。

3

最后，轻弹纸的背面，把残留在纸上的面粉也全部抖落。

手持搅拌器

学习Mitten家点心制作的时候，很重要的一点就是如何选择手持式搅拌器。因为搅拌器能决定蛋糕素材的起泡程度，进而影响成品的口感味道，甚至于改变点心风味的影响力。本书中介绍了打泡方法、参考用打泡时间。一般来说，鸡蛋和黄油所需的打泡时间为3~5分钟，但是由于效率不同，也会产生很大的时差。选择搅拌器的时候要注意叶片的形状。能高效高质搅拌原材料的叶片款式为：直接接触蛋糕素材的部分宽窄一致，呈扁平状。相反，头部尖细、呈细针状的叶面效率较低。

打泡的方法

1

将搅拌器叶片垂直伸入盆里的材料中。打泡过程中一直保持这个角度。

2

叶片从盆底略微提升，在材料中间一边画尽可能大的圆（叶片轻触盆壁发出声响的程度），一边打泡。材料渐渐起泡、体积变大以后，将叶片再相应地提升一点儿，继续打泡。

3

叶片转数和搅拌器自身的搅拌速度都会对起泡程度产生影响。为尽快打出紧致的泡沫，需舒缓平滑地打泡。

4

根据情况，还可进行最后的纹理调整。

搅拌

Mitten流的蛋糕坯做法中，如果要描述"把打好了泡沫的鸡蛋、黄油混合在面粉中"这个步骤的时候，不会用到"像切开一样"、"干净利落"这样的词语。除了打泡方法以外，只要在混合搅拌的手法上略作调整，也会惊喜地得到不同的点心。大家可以尝试一下。本书提到的点心基本有3种搅拌方法（均为右手搅拌的情况）。

橡胶刮板

推荐耐热性较好的硅胶树脂、一体成型的刮板。我所用的是饭塚家的"New Clean 小刮板"。

拿着刮板的时候，好像手变长了一样！

刮板部朝下，手在上面握住整个手柄。不要只拿手柄的最上面，也不要握得太往下。理想状态是能把刮板当成手的延伸部分来使用，所以手柄最上边差不多碰到手腕处即可。伸出食指稳定刮板的左右动向。

搅拌方法 A

首先，是将面粉混合到打完泡沫以后的、纹理细腻的鸡蛋、黄油中的基本方法。使用刮板，尽可能大幅度、充分地进行搅拌。如果搅拌之后的面粉不仅强韧到足以支撑气泡的重量，还足够均匀细腻，那么烘焙出来的蛋糕坯口感就会非常好。

1
倾斜小盆，刮板从时钟的1:30位置插入。刮板边缘以与盆侧壁成垂直的角度伸进材料和盆中间。左手在9:00的位置扶住小盆。

2
刮板保持与盆侧壁的垂直角度，穿过盆的直径移动到7:30位置。

3
盛起一大刮板的材料，抬到盆边缘处。同时左手把盆转动到7:00位置。

4
手腕自然返回，把材料倒回盆中间，再从1:30位置插入刮板。搅拌黄油的时候比较黏稠，应该尽快去除刮板上的材料。否则，继续搅拌会让面粉呈面筋化，影响风味及口感。

5
反复操作以上步骤。但是本次要改变刮板的移动路径。反复操作就能让整个面团很均匀。

即使已经看不到干面粉时

还是要按照每10秒6~8次的节奏继续搅拌。如果你要做的是磅蛋糕，那一共要搅拌80~100次。

1

2

3

4

5

搅拌方法 B

这是将蛋白霜与其他材料混合在一起时，经常会使用到的搅拌方法。蛋白霜的起泡状态越好，越难搅拌。但是间隔的时间过长还会导致泡沫破掉，蛋糕坯也会毁于一旦。所以，搅拌的重点是：刮板要短距离地快速移动，保证蛋白霜不结团。同时，刮板面应当略向上倾斜，刮板一边划开蛋白霜一边搅拌。

1
刮板伸到盆中心（略深亦可）。左手移动到9:00位置。

2
顺势用刮板从盆底盛起原材料，沿盆的半径移动至7:30位置。搅拌一两次以后，手腕自然返回将材料倒回盆内侧。同时，左手迅速将小盆转到7:30位置。

3
再把刮板伸到盆中间，左手回到9:00位置。

4
同样将刮板移动到7:30位置，左手继续转盆。

5
手腕不动，右手反复快速地以在空中画圆的方式搅拌。

6
以10秒钟12~16次的节奏反复进行以上步骤。如果要制作戚风蛋糕，应该搅拌30~35次。

搅拌方法 C

制作曲奇的时候，要求把面粉充分融合在黄油和鸡蛋的水分里。这时候，常用的就是这个搅拌方法。

1

用刮板斜着从盆边向前移动，把材料都集中到面前来。

2

盆中部也一样操作。

3

继续向前移动。

4

最前面也一样。

5

刮第4下以后，顺势把材料堆积在盆的侧壁上。手腕自然返回，让材料自然下落到盆内侧。同时，左手转盆。

6

按一定节奏重复以上步骤，使面团整体搅拌均匀。干面粉全部被吸收以后，在盆壁上轻按材料，汇拢面团。

注意保持清洁

大多数时候，制作过程干净整洁的人做出的点心也好吃。例如盆的侧壁上如果沾有生面粉，则难免蛋糕坯里会出现生面块。在容器之间转移材料时，材料撒落一地或者粘在容器侧壁上，就会影响材料称量的准确性。所以，千万别忘了制作过程中随时用刮板保持整洁。

打蛋器的清理方法

用刮板无法完全清理打蛋器。使用之后，可以用手去除打蛋器上的材料，再放回盆里，这样就不会产生材料的称量误差。如果能2根2根地清理，会事半功倍哦。

小盆内侧的清理方法

1

打完黄油、鸡蛋的泡沫以后，应该把小盆整理干净。首先，在盆边把刮板两边刮干净。

2

垂直拿着刮板，刮板沿盆内壁转圈清理内侧附着的材料。尽可能一气呵成。减少刮板停顿的次数，不仅能清理得更干净，还不会破坏材料的整体性。

保鲜膜上黄油的清理方法

用保鲜膜包的黄油被转移到别的容器里以后，保鲜膜也需要清理哦。把保鲜膜铺平，水平方向拿着刮板，一气呵成地刮取黄油。直到完全清理干净为止。最终黄油聚集到纵线位置（照片右端所示），可以用刮板纵向刮取。刮取到的黄油可以都放到材料盆里。

第一章

挑战禁忌、众爱所归的泡芙

- 夹心泡芙
- 硬皮泡芙
- 坚果酱夹心棒

【材料】（16~18个份）

牛奶蛋糊
　牛奶 400g
　细砂糖 107g
　蛋黄 94g
　┌ 低筋面粉 26g
　└ 玉米淀粉 13g
　无盐黄油（发酵）22g
鲜奶油 223g
泡芙皮
　┌ 牛奶、水各45g
　│ 无盐黄油 37g
　a 细砂糖小勺1/3勺
　└ 盐少许
　低筋面粉 46g
　鸡蛋 90g
糖粉适当

■牛奶蛋糊煮得略硬、
　鲜奶油调得略干。

夹心泡芙

因为这款从开店伊始就一直在制作的泡芙，常常会有客人问我："放了奶酪吗？"、"用的是高价鸡蛋吗？"、"牛奶很特殊吗？"等问题。我觉得，与其说这款牛奶蛋糊和鲜奶油调和成的泡芙馅入口即化，不如说它拥有丝滑温醇的浓厚口味。其实在制作的过程中，并没有特别挑剔材料的种类，更没有进行特别的加工。仅仅是制作方法与平常略有不同。例如说煮牛奶蛋糊的时候，不能在黏稠阶段就停下来，而是应该一直搅拌到手酸，直到蛋糊变得有点儿发硬为止。这个做法，是我偶然发现的。这样做出来的效果完全消除了生粉的生涩味道，而且鸡蛋和牛奶的味道更显醇厚。接下来，就要趁热把牛奶蛋糊和鲜奶油混合在一起。这个步骤的与众不同之处在于，要花费比通常打泡更长的时间，一直打到马上就要油水分离的状态才行。然后，刻意不让一部分蛋糊和鲜奶油完全混合在一起，这样吃起来还能清晰地品尝出鸡蛋、牛奶各自的味道。这款泡芙无法大批量制作，但是希望大家能够忘掉时间的流逝，好好享受制作的过程。制作这款泡芙需要相当的技巧和力量，但是却能获得一款手工制作至高美味的点心。

【做法】
调制牛奶蛋糕

● 冷却剂放入冰箱内冷藏。
● 低筋面粉和玉米淀粉放在一起过筛。
● 黄油切成小块。

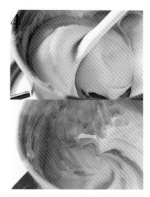

我选择了直径16cm左右、较深的锅来煮牛奶。锅的大小影响煮后的状态和需要的时间，所以推荐相同大小的锅。

首先，将准备好的牛奶和细砂糖的1/3同时放入锅内。用打蛋器轻轻搅拌后，中火加热。蛋黄放入盆中，加入剩余的细砂糖，用刚刚的打蛋器划着搅拌。砂糖的颗粒感变弱以后，加入过筛后的面粉，平滑地划着搅拌。

蛋黄不要搅拌过分，否则难以保留鸡蛋的口味。

用大火加热，同时用刮板不停搅拌。沸腾后变得较为黏稠，直到搅拌时能看到锅底的时候，暂时停火。用打蛋器一气呵成地搅拌，直到出现黏稠顺滑的感觉为止。

将1中的牛奶煮沸。调整火苗不让牛奶溢出，保持沸腾状态20秒左右。

这个步骤是力气活。为了更好地使水分蒸发，要努力地不停搅拌。同时要搅拌得尽可能均匀，所以还需要时不时地清理锅侧面。

接着用中火加热，用刮板搅拌。完全沸腾后继续搅拌约4.5分钟。搅拌的秘诀在于大幅度地将蛋糊甩到锅的侧面，一边蒸发其中的水分一边搅拌。直到蛋糊变得厚重为止。

注意不要混入已干涸、凝结在锅壁和锅底上的蛋糊。

停火后马上将煮沸的牛奶倒入1的蛋黄盆中，慢慢搅拌均匀。用滤网筛过之后，再倒回锅里。

煮到火候以后停火，加入黄油，利用余热使黄油熔化。继续搅拌，就会发现蛋糊出现美丽的光泽和醇香的气味。

马上转移到托盘中，平置。趁热用保鲜膜紧密覆盖住。然后在托盘下面用冰水、上面放置冷却剂进行冷却。

迅速制冷有助于牛奶蛋糊更加润口，不容易变成松散流淌的蛋浆。

如果牛奶蛋糊完成度较好，可以在此步骤后进行密封冷藏。第二天接着从第17步开始完成制作。虽然口味略有损失，但是如果难以当天做完整个流程的话，可以选择这个办法。

只转移能自然盛起的材料。不要勉强抠下粘在锅底的材料继续使用。

材料慢慢变得粗涩，但是整体变软。等到材料像薄膜一样粘满整个锅底的时候，立即将材料转移到小盆里。

烘焙泡芙皮

- ●鸡蛋恢复至室温备用。
- ●将低筋面粉过筛。
- ●黄油切成小块。
- ●在烤盘上铺好烘焙纸。

8

将材料a倒入厚底锅中，用大火加热。用打蛋器轻轻搅拌，黄油完全熔化、材料彻底沸腾后停火。

9

倒入筛过的面粉，用打蛋器快速混合。

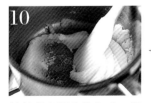

10

这里需要的力气也很大。但是用在这里的力量可是泡芙皮酥松的关键哦。

材料基本混合均匀后，将打蛋器换成刮板，再次用中火加热。一边向下按压，一边进行搅拌，如此加热1分钟左右。

11

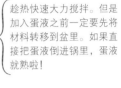

12

趁热快速大力搅拌。但是加入蛋液之前一定要先将材料转移到盆里。如果直接把蛋液倒进锅里，蛋液就熟啦！

趁热，加入1/4左右的鸡蛋液（要确保蛋液彻底散开，呈均匀混合状态）。用刮板顺势搅拌。一边慢慢加入剩余的蛋液，一边继续搅拌。此步骤中一共要加入2/3左右的蛋液。

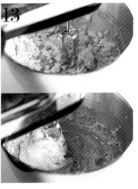

13

加入蛋液以后面糊会慢慢变得厚重。不要勉强用打蛋器，可以换成带叶片的电动搅拌器来搅拌。因为这个步骤，材料混合得足够顺滑，之后烘焙出来的泡芙皮才会细腻美观。

这时候面糊应该已经有点儿厚重了。只用搅拌器的一个叶片进行低速搅拌。再陆续加入剩余的蛋液。

14

最后，再次用刮板搅拌至平滑，确认面糊的软硬程度。此时面糊应该已经出现光泽，用刮板盛起的时候面糊会挂在刮板上，下垂呈三角形。如果此时面糊略微感觉硬，就把剩余的蛋液加进去。

这个阶段的面糊还温热，一旦面糊冷却后就会变硬，无法准确地了解到硬度。所以要尽快操作哦。

15

烤箱预热至220~250℃。接下来应该挤面糊了。用装配口径为1cm圆形裱花嘴的裱花袋，直接把直径约为3.5cm的面糊团挤在烤盘上。挤每一个面糊之间要留够间隔。然后用喷壶在面团喷够水分后，放入烤箱。

如果1张烤盘不够用，那就用同样方法将面糊挤在第2张烤盘上。如果只有1张烤盘，可以挤在烘焙纸上。等第1次烘焙结束后，用水将烤盘冷却。然后连烘焙纸一起放在烤盘上，进行第2次烘焙。

16

烤盘放入烤箱后，马上将烤箱降温至200℃，烘焙15分钟。再降温至180℃，烘焙5~10分钟。面糊膨胀出裂口，并且有了烘焙颜色后，再次降温至150℃，再干燥烘焙5~10分钟。

不能一次做完，不得已要分2次的场合，这里还有一个秘密。烤制好的泡芙皮放在冰箱冷冻室的话，可以保存2周左右。下次使用的时候只用150℃的烤箱烘烤1分钟，略微解冻即可。从泡芙皮烘焙结束到食用为止，要经过1天以上，可以考虑冷冻保存哦。

完结篇

17

在泡芙皮中夹入奶油。7中的奶油充分冷却后，转移至小盆里。

至少冷却30分钟以上。

18

用木质刮板均匀搅拌。最初奶油较硬，但是用力挤压搅拌以后，整体硬度会缓和很多。整体感觉变得黏稠、柔和以后，继续搅拌至出现光泽。

这是最后一道需要力气的步骤了。为了能让奶油光亮润口，加油吧！但是，不要过分搅拌以至于破坏了奶油的弹性。

19

打制鲜奶油泡沫。将小盆整体置于冰水中，利用手持式搅拌器进行低速搅拌。直到奶油的光泽消失，几乎呈现出油水分离状态为止。

熬煮得有点儿硬的牛奶蛋糕和几乎搅拌得过分的奶油泡沫结合在一起，就会变成紧致温润的泡芙馅。

20

将1/2的19加入18的牛奶蛋糊中，用木质刮板小心地搅拌至大概均匀。然后加入剩余的奶油泡沫，从上至下切割式搅拌。直至鲜奶油的白色隐约可见为止。

我们刻意在这个搅拌步骤中不搅拌均匀，因为这是美味的秘密。如果搅拌得过于均匀，就会让味道平淡无奇。所以只要大概搅拌一下就好。

21

沿着泡芙皮的中心线或略上一点儿横着切开。

22

利用没有裱花口的裱花袋慢慢挤出泡芙馅，盖上泡芙皮。最后撒上粉糖。

推荐立即食用。但是需要放置一段时间时，应放入纸箱内进行冷藏。如果放入密封容器中，泡芙皮会变潮。

小贴士 01

裱花袋的使用方法

1 裱花袋需要配套裱花口。将裱花口上面的袋子折过来，塞进裱花口中，关闭裱花口。可以将裱花口伸到较深的容器里，开口部套在容器上。然后装入奶油等。

4 保持这个姿势，把裱花袋的富余部分绕拇指一周，用手掌握住裱花袋中间的填充物。

2 将裱花袋横置在台面上，用卡片等物将裱花袋里面的空气挤掉，使填充物变得紧实。

5 使用的时候，距离烤盘大约1.5cm，将裱花口固定在略微倾斜的位置上。不要改变裱花袋的高度，均一地挤出材料。右手负责用力向外挤压，左手只要扶在裱花口处就行了。挤出适量材料后，顺势向左侧（右手时）提起裱花口。一边旋转裱花袋，一边挤材料。但是千万不要改变裱花口的高度。否则，挤出的材料会变形或难以挤出。

3 把裱花袋夹在右手食指和拇指中间，另一只手向后拽裱花袋。让里面的填充物全部集中到裱花口附近。

【材料】（16~18个份）

泡芙皮（p18）全量
饼干坯
　　无盐黄油 16g
　　细砂糖 36g
　　鸡蛋 19g
　　a ┌ 低筋面粉 60g
　　　└ 发酵粉 0.5g（约1/8小勺）

含香草的牛奶蛋糊
　　牛奶 400g
　　鲜奶油100g
　　香草豆荚1/3根
　　细砂糖87g
　　蛋黄 100g
　　b ┌ 低筋面粉25g
　　　└ 玉米淀粉10g
　　无盐黄油（发酵）12g（细细切碎）

● 制作饼干坯的黄油，应当切至同一厚度，
　恢复至室温。

● a、b分别过筛。

■戴上小帽子，变得圆滚滚。

硬皮泡芙

与Mitten泡芙相比，这是一款做法简单、奶香浓郁、外观精巧的泡芙。这款泡芙没有熬煮出来的浓厚口感，但是加了鲜奶油后别具风味。也正是由于没有长时间熬制，所以香草的香甜显得格外突出。如果有足够时间一直冷藏，直到泡芙馅黏稠，那就可以马上将泡芙馅挤进泡芙皮里。与菠萝包相似的泡芙皮口感浓香松脆，与普通泡芙皮相比更能享受到烘焙出"大丸子"的快乐。

【做法】

1

少放黄油，烤出来的饼干才会有适当黏度。否则，就会变成普通的饼干坯，而且烘焙的时候很容易从泡芙皮上掉下来。

制作饼干坯。把黄油放到小盆里，用刮板搅拌至糊状。加入细砂糖，继续搅拌。换成打蛋器，慢慢加入鸡蛋，充分搅拌。

2

搅拌方法参见p14的C方法。

搅拌均匀后，加入过筛后的a，继续用刮板搅拌，团成一团。用保鲜膜包裹，放入冰箱，冷却至少2小时。

3 制作牛奶蛋糊。纵向切开香草豆荚，从豆荚上刮取香草豆。将整个豆荚放入锅中，加入牛奶、鲜奶油、1/3的细砂糖。轻轻搅拌，随即开火加热。

4 将蛋黄和剩余的细砂糖放入小盆中，马上用打蛋器搅拌。搅拌至细碎感消失为止。

5 将过筛后的b加入4中，迅速搅拌至整体润滑。

6

搅拌面糊时应该铺满整个锅底。由于加入鲜奶油来提高口感，不需要煮太长时间。

3开始沸腾后，加入5的盆中，迅速搅拌。再用过滤器倒回锅中，大火加热。同时用打蛋器不停地搅拌。再次沸腾后，换成橡胶刮板，中大火加热2分钟左右。

7

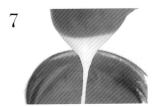

盛起来向下流淌时有黏稠感后，停火。这时候也应该出现光泽。

8 加入黄油搅拌，转移至小盆里。

9

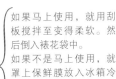

如果马上使用，就用刮板搅拌至变得柔软。然后倒入裱花袋中。
如果不是马上使用，就罩上保鲜膜放入冰箱冷藏。再次使用时，重新搅拌至润滑、柔软、有弹力即可。

将小盆垫放在冰水上，一边用刮板搅拌，一边使其冷却。到手指伸进去感到凉爽为止，就可以从冰水上撤掉了。

10

本书中扣成了花形，圆形亦可。

将2中制成的面团平铺在台面上，用擀面杖擀成3~4mm的面片。再用直径4cm的模型扣出形状。放进冰箱冷藏。

11 参照p21的内容做成泡芙皮。烤箱预热至220℃。

12

在烤盘中铺垫烘焙纸，用裱花袋挤出3.5cm左右的面团，放在烘焙纸上。喷水，然后将10的饼干坯放在面团上面，撒上细砂糖（分量外）。放入烤箱后，立即将温度降至200℃，烘烤15分钟。再降至180℃，烘烤10分钟。上色以后，取出，放在网盘上冷却。

13 与Mitten泡芙一样夹入泡芙馅，完成！

【材料】（9~10个份）

泡芙皮（p18）1/2量
Mitten泡芙的奶油酱
（p23的20）200g
坚果酱
　细砂糖 60g
　坚果（切片）30g
　鲜奶油 150g
糖粉适量

■两层的奶油和酥皮一同入口，所以夹心棒的形状有特别意义哦。

坚果酱夹心棒

选择坚果，是需要它们又脆又硬的口感。这款点心将Mitten泡芙中牛奶蛋糊的香甜、坚果的醇厚和奶油酱统统夹入细长形状的泡芙皮里。为了让泡芙皮和两种奶油的味道都能被均等地品尝到，才特意选择了细长的泡芙皮形状。做泡芙的时候，也可尝试这种款式哦。

【做法】

1

参考p21内容制作泡芙皮。在裱花袋上装配直径1cm的裱花口。在铺垫烘焙纸的烤盘上挤出直径比裱花口略粗、8cm左右的面棒。参考p22的内容进行烘焙。准备奶油。

2

将细砂糖放入小锅中，大火加热。细砂糖熔化，稍上色开始搅拌使砂糖全部熔化。停火。

3

加入坚果片，迅速搅拌。

再点火，整体变成深茶色以后停火。注意锅有余热，千万别煮煳。然后倒入烘焙纸上摊开，冷却。

5

{ 过于纤细会失去脆脆的口感，过于大块会难以制作。所以比较合适的大小为5～6mm小碎块。

冷却凝固以后，用手掰成大块，放入厚塑料袋中，用擀面杖碾成小碎块。到此，坚果碎就做完了。

6

{ 由于加入坚果碎后，鲜奶油会变得紧致坚硬，注意不要打发过度。最后，使用刮板进行搅拌，以调节硬度。

鲜奶油打泡。将盆垫放在冰水上，打至7分程度，略有形状即可。

7

保持垫放在冰水上的状态，加入坚果碎。粗略混合。坚果酱完成。

8

从中间将泡芙皮切开，挤入泡芙馅。在泡芙馅上面再盖上7的坚果酱。盖上泡芙皮，撒糖粉。完成。

第二章

不过分烘焙的美味点心

中甜巧克力的可可含量为60%~65%、甜口巧克力的可可含量为50%~55%。本书中使用的中甜巧克力和甜口巧克力均为欧洲产品。也就是说，推荐使用口味上乘的巧克力哦。

【材料】
（15cm的海绵蛋糕1个份）

巧克力
（中甜与甜口的比例是1：2）66g
无盐黄油
（最好是发酵的）44g
鲜奶油 37g
　蛋黄 44g
　细砂糖 44g
　低筋面粉 12g
　可可粉 37g
　蛋黄 94g
　细砂糖 44g
覆盆子酱
　黄杏酱 15g
　覆盆子酱 50g
　糖粉 10g

黄杏酱和覆盆子酱可以使用普通超市有售的产品。但是覆盆子酱应该过筛一下比较好。

■用竹签轻刺即使感觉到面团的黏稠……也可以烘焙啦！

●蛋白应该在冰箱中充分冷却。
●模型中应该铺好烘焙纸（包括底部和侧面）。
●低筋面粉与可可粉混合后过筛。
●把巧克力细细切碎。
●烤箱预热到170℃。

蒸烤黑森林蛋糕

我自己很喜欢烘焙巧克力口味的点心。因为加入鸡蛋、面粉以后，更能品味可可豆素朴温暖的味道。但是，有时候也会烦恼可可的味道在烘焙以后变得粗糙不细腻。有一次，我试着把黑森林蛋糕的经典款——传统巧克力蛋糕的材料进行蒸烤，结果就出现了这款点心。说是蒸烤，就是在温热的烤箱中隔水文火慢烤。用竹签轻刺，感觉到点心下部的面团已经开始变黏，而上部则还是松软的状态时就从烤箱中取出来。也许有人会担心，只烤到半熟没关系吗？这时候，请想想勾芡的食物好了。即使是松软的糊状，也会慢慢传热的。而且这样的做法口感黏稠浓厚，入口即化。这不就是我们想要的巧克力的风韵吗？另外，大家也可以大胆尝试加入覆盆子酱，完成度会大有提升！

【做法】

将巧克力和黄油放在一起，隔热水熔化。

在别的小盆中放入鲜奶油，热水加热至体温温度。

另外拿一个大盆，放入蛋黄和细砂糖，用打蛋器搅拌。隔热水，继续搅拌至体温温度，从热水上拿开。

将1中的巧克力加热至40~50℃，加入3的鸡蛋搅拌。

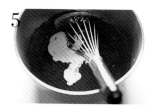

继续加入2的鲜奶油。

加入粉类以后，巧克力和蛋黄会凝结变硬。所以到此为止，混合的各种材料均应加热。特别在寒冷的冬天，温度要再略高一点儿。

室温在15℃以下的场合，需要包裹保鲜膜后放置在温暖的地方。

接着放入过筛的低筋面粉和可可粉，用打蛋器搅拌均匀。

打蛋白霜的方法请参考p10的内容。搅拌器的旋转速度为每10秒25~30转。
与冰镇相比，将蛋白冻住虽然会使打发后的蛋白霜更加细腻，但其实没有必要这么做。

用冷藏好的蛋白打蛋白霜。加入一小撮细砂糖，使用电动搅拌器高速打泡。

如果这个步骤花费的时间太长，会导致蛋白霜稀松粗糙。所以中途尽可能不要间断，加入细砂糖后要一气呵成，尽快打出蛋白霜。

搅拌大概2分钟，蛋白霜已经出角（搅拌器向上提，挂在搅拌器上的蛋白霜呈小牛角状）以后，加入剩余的细砂糖。

继续高速调制蛋白霜约2分钟。

完成时如照片所示，打出了紧致、有光泽的蛋白霜。

11

将1/3的蛋白霜加入6的盆里，用打蛋器充分搅拌。

12

将打蛋器换成刮板，加入11中剩余的蛋白霜。

13

搅拌30~40次，这时候面团应该绽放光泽了。

搅拌方法请参照p13的方法B。

14

整体搅拌均匀后，最后在底部大幅度搅拌30~40次。放入模型中，左右摇摆模型，使面团表面平整光滑。

搅拌至最后蛋白霜的泡沫略有破损，这也是做成丝柔蛋糕坯的秘诀所在。

15

放在盛满热水的烤盘上，放入烤箱烤20~22分钟。

在熟练以前，大约烤制20分钟以后就应该用竹签轻刺确认一下。火候不够、面团还没有黏稠干的时候，竹签上只能留下液体的痕迹。这样的话，就需要再烤一会儿。

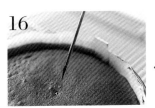

16

用竹签慢慢刺到模型最下面，若竹签头部留有黏稠、糊状的蛋糕坯的话，就从烤箱取出。

在竹签刺出的洞处，应该能看到糊状蛋糕坯挂在上面的痕迹。
蛋糕中心膨胀，蛋糕坯变得有点儿干燥的时候，即使竹签上没有挂上糊状蛋糕坯，也应该从烤箱中取出。

17

从烤箱取出后，放在锅垫上冷却。然后带模一起放入冰箱冷藏室冷却。

没烘焙成型的部分，切的时候会粘刀，所以要放进冷冻室冷却后再切。
为了更好地烘托蛋糕的味道，建议冷冻一宿。
一直保持冷冻状态的话，美味可以连续品尝1周哦。

18

制作果酱。用刮板搅拌黄杏酱以后，将覆盆子酱和糖粉分两次加入。

根据果酱的浓度，在润滑程度不够的情况下，可以加水进行调整。
莓系水果的酸甜口味非常适合放在这款巧克力蛋糕中，所以如果您不能做果酱，完全可以直接加上些简单的莓系果酱。

19

食用时从模型中取出。敲打模型底部的边缘，把蛋糕磕打出来。一边用手推压，一边倒转着把蛋糕倒出来。浇上果酱。

趁冷切割。切时，刀的温度温暖一些比较好切。
切割之后放置一会儿。然后，按照个人对温度的喜好随时品尝。蛋糕温度比较低的时候吃，蛋糕会像融化在嘴里一样哦。

【材料】
（150ml的杯子 6~7个份）

陶瓷、骨瓷的杯子均可。但是比较深一点儿的杯子会更合适。

巧克力
（甜口）25g（切碎）

甜口巧克力和可可粉的推荐品牌为"贝克"和"巴罗那"。

牛奶 200g
无盐黄油 33g
粗砂糖或棕糖 50g
蛋黄 25g

a ┌ 低筋面粉 25g
  │ 发酵粉 0.5g（1/8 小勺）
  └ 可可粉 9g
    蛋白 50g
    糖粉适量

● 黄油切成厚度均匀的薄片，恢复室温温度。
● 将蛋白放入冰箱中冷藏。
● 杯子内侧涂满黄油（不在计量范围内）。
● 将a混合在一起过筛。
● 烤箱预热至180℃。

■ 上面是巧克力蛋糕，下面是巧克力酱。

杯形黑森林蛋糕

这也是一款利用糊状蛋糕坯制成的点心。表面是海绵蛋糕坯，中间却是浓稠的巧克力酱。烘焙的时候蛋糕坯会分离成两层，然后出现上、下蛋糕坯的烘焙完成度的区别。我们正是要利用这样的区别，保证蛋糕成型时，下面的蛋糕坯没有被过度加热。甜度和巧克力风味都很柔和，请趁热品尝。

【做法】

1 点火加热牛奶，沸腾以后停火。加入切好的巧克力碎，熔化。

2 把粗砂糖放进已经变软的黄油中，大力搅拌至发白为止。

粗砂糖或棕糖能增加点心的醇香口感。没有的话也可以用细砂糖代替。

3

在2中加入蛋黄，搅拌。加入过筛的a，简单搅拌。

4

把1的牛奶分成两次倒入3中。一边倒一边慢慢搅拌融合，直至成为均匀的液体。

5

从冰箱取出冷藏的蛋白，打制蛋白霜。

{ 因为要刻意把混合了蛋白霜和没混合蛋白霜的蛋糕坯区分开，所以这里的蛋白霜可以略干。不加砂糖，认真打发。

6

将打好的蛋白霜加入到4中，用打蛋器均匀搅拌。

{ 蛋白霜的泡沫略为破碎也没有关系。
途中一边清理小盆（详情请见p15），一边全面均匀地搅拌。

7

将面糊倒入杯子中。

8

在烤盘上注入1~2cm高的热水，然后把杯子摆在烤盘上，放入烤箱蒸烤。需要15~20分钟，表面成型后就可以用竹签轻刺确认了。竹签能带上下面黏稠的面糊即可。

{ 蒸烤不充分的时候，竹签的状态同p33的蒸烤黑森林蛋糕时的状态。
蛋糕中心膨胀，蛋糕坯表面出现裂纹的话，就是蒸烤过火了。
容器的深度、大小决定烘焙时间的不同，所以建议用同一款容器反复尝试。

9　在表面撒上糖粉，趁热品尝。

{ 余热也会继续给面糊加热，所以请趁热品尝。

■尝试简单烘焙
的曲奇饼。

布列塔尼
小圆酥饼

这是法国布列塔尼地区的传统烘焙点心。这个系列的点心，本来是用含有布列塔尼地区特产盐的黄油来烘焙，散发着淳朴的盐香。因为原材料中有很多黄油和蛋黄，所以有着吃时碎成小块儿的独特口感。也正是因为黄油成分多，所以烘焙的时候面团会流淌着向四处扩散。这样，我们就不得不使用模型来烘焙比较厚的点心了。很多法式点心店中也常出售曲奇饼的套装，看起来一样，其实每家店烘焙的程度均有不同。Mitten风的特点，是不会用朗姆酒把味道调制得精细，而是外香中酥，黄油醇香四溢。这样的曲奇饼最重要的一点，就是要习惯于"简单烘焙"。通常我们认为烘焙曲奇类的时候时间应该长一点儿，这样才能味道醇厚。但是一旦烘焙过火，鸡蛋、黄油、面粉的美味就会烟消云散，难以给人留下深刻的印象。所以我们应该更注意面团的厚度、烤箱的温度和烘焙的时间。另外，请务必使用发酵黄油。只要这么做，您一定会惊讶于烘焙出来的香气的。

■轻盈奶香。

香草布雷茨

没有鸡蛋，只有鲜奶油。
但是要小心，如果把这款点心烤成棕色的话，就会丧失原本的风味哦。
特意选择这个德国布雷茨的形状，是因为一笔画成的要领非常适合这款纤细易碎的曲奇形状。

■香气逼人，入口即化。

维也纳曲奇

打制好的黄油孕育出这款曲奇的轻盈口感。虽然加入人造黄油等植物性油脂也能做出轻盈的质感，但是即使不这么做也能得到这样轻快的曲奇呢。我们可是使用最古老的的维也纳做法做出的这款曲奇呢。

布列塔尼小圆酥饼

【材料】

（直径6cm的圆形模环18~20个份）

无盐黄油（发酵）180g

a 糖粉 107g
  盐 1/4小勺

蛋黄 36g

坚果粉 20g

b 低筋面粉 190g
  发酵粉少于2g
  （少于1/2小勺）

蛋液
  蛋黄1个份
  水 1小勺
  细砂糖 1/5小勺
  盐 1小捏

● 于前日，将面团制作到第6步。放入冰箱冷藏。
● a、b均过筛。

只要不是形状复杂的模环（无底型），无论椭圆、心形或其他形状，大小差不多都可以。

【做法】

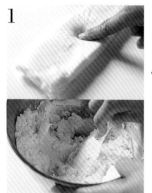

1

为使黄油温度均匀，应切成厚度一样的薄片。
没有温度计的话，只要手指能一下子插进去，就差不多是所需要的硬度了。
若黄油刚从冰箱中取出，也可使用微波炉加热。用弱火，一边确认硬度一边几秒几秒地加热。

黄油切至1cm厚的薄片，包裹在保鲜膜中，加热至20℃左右。将a放入小盆中，用刮板略微搅拌至材料均匀为止。

2

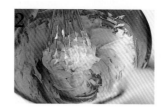

这里不要搅拌过度。

换成打蛋器，搅拌至发白为止。分2~3次加入蛋黄，一边轻轻搅拌。

3

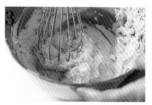

搅拌至看不到干粉为止，不要搅拌过度。

加入坚果粉，继续搅拌。

4

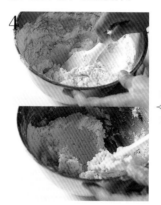

搅拌方法参照p14方法C。

将b全部加入，换成刮板，将材料搅拌成一团。

5

这里的厚度也是个重点。过厚的话需要更长烘焙时间，风味会消失。如照片所示，如果用7mm厚的木板垫着擀的话，会很方便。

将面团放在厚一点儿的台板上，加盖保鲜膜，用手摊开。加盖保鲜膜的状态下，用擀面杖擀至7mm左右的厚度。

6

整理表面平整度，加盖保鲜膜，放入冰箱冷藏一夜。

7

如果剥掉保鲜膜后不撒干粉，稍后涂蛋液会出现不相容的问题。

准备烘焙。在烤盘上铺垫烘焙纸，剥掉冷藏曲奇坯上的保鲜膜，在表面上轻轻撒一些生粉（分量外），用擀面杖轻微擀一下。

8

剩余材料重新揉，可以再次扣出圆形曲奇坯。如果材料变软，就再进冰箱冷藏吧。
烤盘放不下时，可以将剩余材料放入冰箱冷藏，然后分两次烘焙。冷冻亦可。

在曲奇坯冷硬的状态下，用模环扣下，铺在烤盘上。

9

为了防止蛋液流淌下来，曲奇坯周围要留一点儿空隙。这也是为了稍后不会粘到模型上。

在曲奇坯表面刷两次蛋液。刷完第1次蛋液以后放置15~20分钟，使表面干燥。

10

尽量不要使用头部尖锐的叉子。推荐使用儿童叉。这款点心的特点是表面有光泽，表皮微鼓。纵横交错的纹理的意义在于：蛋液厚一点儿也不会流淌下来。

蛋液干了以后，再刷第2次蛋液。然后马上用叉子划出纹理。

11

烤箱预热至170℃。表面干燥到不粘手的程度，套上模环，放进烤箱。

12

如果可能要确认底部，如果也烤出了同样的颜色，就可以结束烘焙，从模环中取出了。

大约烘焙18分钟。表面呈茶色，之前划出的纹理也显现出来以后，马上从烤箱中取出。不能再过分烘焙了。

13

刚烘焙之后的理想效果是，中间略软，但是冷却以后就会变得酥脆。冷却前从模环取出，才能更好地蒸发水分，使外侧变脆。另外，冷却以后也不好脱模。

马上出模，放在网上冷却。

左侧照片的颜色看起来浑厚可口，但是其实已经过火了。应该是右侧较白的状态才对。反复练习，记住烘焙的时间和表面的颜色吧。

因为黄油成分多，如果不用模环，很容易在烘焙过程中流淌变形。但是有底型的模型会很难脱模，所以还是用模环更方便一点儿。

香草布雷茨

【材料】（16~18个份）

无盐黄油（发酵）60g
香草豆荚 1/6根
a ┌ 糖粉 38g
  └ 盐少许
鲜奶油 25g
低筋面粉 100g

● 将黄油切成厚度均一的薄片，恢复至室温。
● 鲜奶油恢复至室温。
● 把香草都从豆荚中摘下来。
● a混合过筛。
● 低筋面粉过筛。

● 在烤盘上铺垫烘焙纸。在直径约6cm的模环（小杯子亦可）的环扣上蘸取面粉，然后在烘焙纸上等距扣出粉印。
● 烤箱预热至170℃。

【做法】

1

别让空气混合在里面，所以搅拌至润滑为止。

在黄油中加入香草豆，用刮板搅拌至柔软。加入a，搅拌至整体颜色发白。

2 一边慢慢加入少量的鲜奶油，一边搅拌。

3

加入面粉后的搅拌方法请参考p14的方法C。

加入过筛的面粉，继续搅拌至看不到生粉为止。为了把空气排尽，从盆底慢慢地撅着面团向上。最后撅成一个均匀的面团。

4

裱花袋的使用方法请参考p23的内容。
如果一张烤盘放不下，也可以挤到其他的烘焙纸上。然后放到阴冷的地方，保持潮湿状态，等烤盘冷却后继续烘烤。

在裱花袋上装配直径8mm的圆形裱花口，按照烤盘上的面粉印迹挤出布雷茨的形状。

5

从烘焙程度刚好的布雷茨开始逐一取出，注意别烤过火。

在烤箱中烘焙15~20分钟。上部呈淡黄色、下部整体有深黄色时烘焙结束。放到网上冷却。

6 撒上适当糖粉（分量外）。

维也纳曲奇

【材料】（约25个份）

无糖黄油（发酵）150g
糖粉 48g
香草糖 13g
盐一小捏
蛋白 24g
低筋面粉 177g

{ 请参考本页右下。或者在13g的细砂糖中加入少许研磨细碎的香草豆。

●将黄油切成厚度均一的薄片，恢复至室温。
●蛋白恢复至室温。
●糖粉过筛。
●低筋面粉过筛。
●烤箱预热至180℃。

【做法】

1

{ 如果温度在20℃以下，材料会比较松散，难以出泡。与磅蛋糕相比，后续步骤中加的水分（鸡蛋）也要少一些，所以这里用软一点儿的黄油，也就是温度较高的黄油也没问题。

黄油变得很软以后，用刮板搅拌。加入糖粉、香草糖、盐，用刮板搅拌至整体均匀。

2

{ 打发方法请参考p10的内容，搅拌器的自转速度为10秒25~30转即可。力道均匀、时间准确的打泡方式很重要。蓬松的泡沫是孕育松脆口感的秘诀。

换成电动搅拌器，高速搅拌5~6分钟，直至发白蓬松。

3 一边把打好的蛋白分成两次加入，一边高速打泡30秒至1分钟。

{ 这段时间，材料的温度保持在22~23℃比较理想。

4 加入低筋面粉，用刮板搅拌。生粉完全消失以后再搅拌4~5次。不要过分搅拌。

{ 搅拌方式请参考p14的方法C。

5

{ 裱花袋的使用方法请参考p23的内容。
如果一张烤盘放不下，也可以挤到其他的烘焙纸上。然后放到阴冷的地方，保持潮湿状态，等烤盘冷却后继续烘烤。

在烤盘上铺垫烘焙纸。在裱花袋上装配10mm的八角星形裱花口，不间断地挤出蛇形花纹。

6

{ 不能烘焙到整体出现烘焙色，从烘焙程度较好的曲奇开始逐一取出。

放入烤箱中烘焙大约8分钟，温度降至170℃继续烘焙6~10分钟。表面凸起部分的颜色略深，底部也出现了烘焙色。结束烘焙，放在网上冷却。

小贴士 02 **香草糖的做法**

可以使用剩下的香草豆荚哦。但是因为豆荚呈深茶色，所以仅限于不介意颜色的点心上。

2 混合后用食物搅拌机搅拌，并用滤网过筛。

1 如果香草荚有点儿脏，就洗干净晾干后切成5mm左右的长度。准备香草荚10g，细砂糖40g。

3 完成。这款香草糖不但可以放在红茶、咖啡等饮品中，还可以代替1/5的细砂糖用于制作磅蛋糕哦。

第三章

用纹理粗犷的蛋白霜来做点心

- ●抹茶口味的戚风蛋糕
- ●煎茶口味的戚风蛋糕

■烤制一款蛋白霜适当、蛋黄
味道浓厚的戚风蛋糕吧。

抹茶口味的戚风蛋糕
煎茶口味的戚风蛋糕

一般的食谱中，为了让戚风蛋糕膨胀得更好，会使用很多蛋白霜。但是Mitten流的配合方法中，蛋白、蛋黄的分量会基本相同（或者蛋黄会略多一些也说不定）。这点儿多出来的蛋黄，不但味道恰到好处，而且会让蛋糕整体口感更润滑。当然，蛋糕必然也是蓬松柔软的。这种效果的秘密之一，就是打制蛋白泡的方法。紧致细密而润滑的蛋白霜就是好的？那就大错特错啦。其实，我们要用的蛋白霜是其中的泡泡大小参差不齐，甚至有点儿七零八碎的。加了这种蛋白霜的蛋糕坯，能烘焙出蓬松、口味非凡的蛋糕。例如抹茶口味蛋糕，烘焙当天抹茶香气浓郁。第二天开始，材料中的白巧克力、牛奶的香气会渐渐增加。再例如煎茶口味蛋糕，烘焙当天茶香浓郁。第二天开始，鸡蛋香气渐浓。这样纤细的味道转换是不是让人心情愉悦呢？这种快乐，要比简单地加入很多蛋白霜、一味地看着蛋糕变大更激动人心，对吗？

抹茶口味的戚风蛋糕

【材料】

（直径17cm / 20cm的戚风蛋糕1个份）

蛋黄45g / 80g

细砂糖48g / 85g

⌈ 色拉油28g / 50g

⌊ 热水53ml / 94ml

⌈ 低筋面粉50g / 88g

a 发酵粉不足3g（3/4小茶勺）/ 5g

⌊ 抹茶8g / 14g

蛋白霜

　蛋白90g / 160g

　柠檬汁略多于1/4小勺 / 1/2小勺

　细砂糖28g / 50g

巧克力（白）45g / 80g

使用冷冻保存的蛋白容易打出细密的蛋白霜。相反，若仅在冷藏室8℃以上的环境中储存，蛋白会很快出泡，而且泡沫大、数量多，难以形成蛋白霜。所以，这两种方式都不适合制作Mitten流的戚风蛋糕。

● 蛋白放入冷冻室，冻到周边的蛋白刚刚冻结为止。1~4℃。

● 白巧克力放置在室温环境中，切成约4mm的小块。

● a的低筋面粉和发酵粉混合，过筛。将过滤后的抹茶也混合在一起。

● 烤箱预热至180℃。

【做法】

1

把蛋黄打散，加入细砂糖后用打蛋器轻轻搅拌。然后加入色拉油和热水的混合物，搅拌至均匀。

2

加入a，用打蛋器快速大圈搅拌。

3

把柠檬汁和少许细砂糖加入刚上冻的蛋白中，用电动搅拌器低速轻轻搅拌。

4

蛋白搅拌均匀后，用电动搅拌器高速、大幅度搅拌2~3分钟（直径20cm的模型需要搅拌3~3.5分钟）。直到蛋白会飞散到小盆侧壁上的程度，再加入剩余的1/2细砂糖。然后继续打泡1分钟（直径20cm的模型需要搅拌1.5分钟）左右。此时，蛋白霜状态若为黏稠的糊状，就很理想了。

不需要搅拌到液体发白，否则会破坏掉鸡蛋原本的风味。

然后加入热水，在热水中细砂糖也比较好溶化。这里热水发挥的作用也很大，热水带来的高温会使蛋糕坏更为柔软，这样才能跟略硬质的蛋白霜匹配。

柠檬汁可以增强蛋白起泡后的安定性。最开始加入的少许细砂糖可以起到聚合材料的作用。

打泡方法请参考p10的内容。电动搅拌器的自转速度为每10秒25~30次。最后的10秒中，为了着重打出蛋白霜的质感和强度，可以停止搅拌器自转，只用搅拌器单独搅拌。同时，搅拌器叶片可以在蛋白霜中间上下快速打泡。

如果可以，应该一边慢慢少量地加入细砂糖，一边不停地使劲打泡。直到挂在搅拌器上的蛋白霜出现挺立的小犄角为止。

5

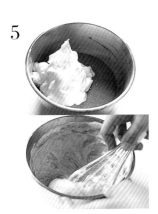

将1/4多一点儿的蛋白霜加入盛有2的盆中，用打蛋器快速大范围搅拌，直到均匀为止。

6

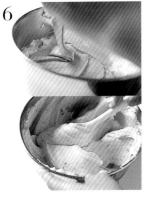

搅拌方法请参考p13的方法B。
这个步骤如果时间过长，蛋白霜就会抱团，难以搅拌。所以这个步骤的速度要快。

将5倒回4的盆里，换成刮板来搅拌。按一定节奏搅拌30~35次，搅拌出有光泽的面糊。

7

搅拌方法请参考p11的方法A。但是一边搅拌一边要用左手转动小盆，大概4次转一周。
搅拌目标是蛋糕坯整体蓬松、有光泽。同时具备即使用刮板盛起来倒扣，也不会马上掉下去的张力。

加入白巧克力，整体搅拌。但是注意别搅拌过火。

8

比较理想的分量应为模型的7~8分满。

盛起蛋糕坯，放入烘焙模型中。因为这款蛋糕坯不是可以流淌的液体状态，所以要分成几次层层放进蛋糕模中。最后左右晃动模型，利用离心力将面糊表面摊平。

9

马上放入烤箱中，烘焙26~28分钟（20cm模型需要烘焙30~35分钟）。蛋糕膨胀到最高点以后，再次略微下沉。表面稍微烤出裂纹以后就可以从烤箱中取出了。

10

如果希望尽快出模，可以在不烫手以后放入冰箱里冷却。

马上倒扣模型，完全冷却。

11

请在脱模当日使用。如果不得不留到第二天，请用保鲜膜密封包装，或放入食品用保鲜袋中，避免蛋糕直接接触空气。

如果想烘焙后的第二天食用，就先别脱模。请直接包上保鲜膜放入冰箱内冷藏。食用前从冰箱取出，脱模，恢复至室温以后即可食用。

使用时从模型中取出。先用手从蛋糕顶部轻压，使蛋糕侧面脱离模型。然后把面包刀伸进模型和蛋糕中间，绕一圈。继续用面包刀伸入蛋糕盒模型底板之间，转动底板，完成脱模。

煎茶口味的戚风蛋糕

【材料】（直径17cm / 20cm的戚风蛋糕1个份）

蛋黄 45g / 80g
细砂糖 48g / 85g

┌ 色拉油 28g / 50g
│ 煎茶 48ml / 85ml（煎茶茶叶少于
└ 6g，热水90ml；10g，少于140ml）
┌ 低筋面粉62g / 110g
a 发酵粉不足3g（少于3/4小茶勺）/ 5g
└ 煎茶茶叶 2小茶勺 / 少于3.5小茶勺
蛋白霜
　　蛋白90g / 160g
　　　柠檬汁略多于1/4小勺 / 1/2小勺
　　细砂糖 28g / 50g

● 煎茶多为茶叶，而非茶梗。若冲出的茶水较淡，可以增加茶叶的分量。

【做法】

1　将a的煎茶茶叶磨成茶粉。挑取磨不碎的茶梗。

2　将a的低筋面粉和发酵粉过筛，然后加入1的茶粉。

3　煮茶。将茶叶放入热水中，点火煮4~5分钟。停火，无盖放置3分钟。

4　用纱布过滤茶叶，小心烫手。用力挤压纱布包，得到浓郁茶水。取48ml（20cm模型时取85ml）茶水，加入色拉油中。

5　此后步骤同抹茶戚风蛋糕做法。但是不加白巧克力。可以按照个人喜好添加和细砂糖一起调制好的鲜奶油。

第四章

用纹理细腻的蛋白霜来做点心

- 奶油夹心蛋糕卷·原味
- 奶油夹心蛋糕卷·抹茶&红豆
- 酸奶冰冻夹心蛋糕
- 牛轧糖奶冻

■烤制一款柔软、润滑的
蛋糕卷吧！

奶油夹心蛋糕卷·原味
奶油夹心蛋糕卷·抹茶&红豆

一般制作蛋糕卷的时候，都是使用蛋白、蛋黄同时打泡制成的海绵蛋糕坯。但本书中提到的做法是蛋白、蛋黄分开打泡的。此外，本书中的蛋糕卷面团中，还加入了蛋黄和蛋白霜——也就是说，这里的蛋糕卷是利用蛋奶酥的坯子做出来的。虽然说是蛋奶酥的坯子，也不是那种会很快塌陷、不挺实的材料，而是柔软、紧致、口感柔韧的材料。而且黄油醇香四溢。为了让蛋黄面团更润滑，我们需要准备紧致细密、质感润滑的蛋白霜。因为这款蛋糕只是简单地夹入了鲜奶油，所以更能品味出蛋糕坯的香浓味道。如果蛋糕坯本身是抹茶口味的，则多会选择红豆奶油夹心。

奶油夹心蛋糕卷·原味

【材料】（1张30cm方形烤盘份）

无盐黄油（发酵）38g

a ⎡ 低筋面粉 52g
⎣ 发酵粉少于3g（少于3/4小茶勺）

牛奶 65g（放入冰箱冷藏）

b ⎡ 鸡蛋 47g
⎣ 蛋黄 70g

蛋白霜
    蛋白 150g
    细砂糖 75g

⎡ 鲜奶油 170g
⎣ 细砂糖 13g

> 此处，使用冷冻保存的蛋白亦可。自然解冻，在尚未完全融化时即可使用。

- 将蛋白放入冰箱冷冻，直至蛋白周边出现冰碴为止（1~4℃）。
- 将a混合，过筛。
- 加入b，全部打散并搅拌均匀。
- 在烤盘上铺垫烘焙纸。另外在下面垫1张烤盘，2张烤盘叠在一起使用。
- 烤箱预热至180℃。

【做法】

> 注意不要让黄油沸腾。可以利用锅的余热彻底熔化黄油。从灶台上取下后，尽量避免黄油蒸发。

1　将黄油放入锅中，点火加热。黄油熔化后，马上关火。锅从灶台上取下，加入过筛后的a。用刮板搅拌均匀。

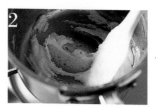

> 保证准确的加热时间，避免过火。小心面糊底部千万别烤糊。

再次点火。一边搅拌，一边用小火加热30秒至1分钟。此时，面糊应该稍显松软润滑。

从灶台取下冷却。加入牛奶，用打蛋器搅拌。换成刮板继续搅拌，直到生粉块完全消失。

> 面糊会从锅底部开始变热、变硬。所以要一边搅拌一边加热。一定要在还没有全部变硬前，就从火上取下来。

再次一边搅拌一边用小火加热。有一半开始变硬的时候，从火上拿下来，一边搅拌一边利用余热把面糊搅拌成一个圆润的面团。

把b分成2~3次慢慢加入，均匀搅拌。面团变成可以流淌的面糊，此时把面糊转移到大一点儿的盆里。在盆上面盖上拧干的湿毛巾，避免面糊变干。

6

打发方法请参考p10的内容。但是搅拌器自身的转速略慢，为10秒10~12转。

制作蛋白霜。把一小捏细砂糖加入蛋白中，用电动搅拌器高速搅拌2分钟。

7

此时，搅拌器自身的转速降低为每10秒6~8转。

再加入剩余细砂糖的1/2，再打制蛋白泡30秒至1分钟。

8

如果打制出的蛋白泡细密、柔软，就不容易破掉，而且更容易与蛋糕坯融合在一起。打发过程中，我们最初只加入一半的细砂糖，是为了形成理想的蛋白霜质感。

加入全部剩余的细砂糖，搅拌器降至中速继续搅拌30秒左右。要保证盆中间的蛋白霜也形成细腻紧致的蛋白泡。搅拌器降至低速，同时搅拌器自身的转速也变慢。缓缓打制30秒蛋白泡，整理蛋白霜的纹理。确认蛋白出现了小犄角，整体感觉细腻润滑。

9

搅拌方法请参考p13的方法B。

将1/4的蛋白霜加入5中，用刮板尽快搅拌。然后倒回8的盆里，大幅度搅拌30次左右。面团大致成型后再搅拌6~7次。

10

尽量不要反反复复地整理。蛋糕坯大致填满烤盘后，刮板沿着烤盘的四边直线运动。最后整理出平整的背面。

将蛋糕坯倒入铺好烘焙纸的烤盘中，用方形刮板整理表面形状。注意烤盘的四角都要填满蛋糕坯哦。

11

冷却后，原本膨胀的蛋糕会略有缩小。
如果想第二天食用，可在冷却后用保鲜膜带着烘焙纸整个包住。然后放置在阴冷处。

放入烤箱，烘烤18~20分钟。直到表面全部出现烘焙色。带纸从烤盘中取出，放在台面上冷却。为避免蛋糕表面干燥，可在上面覆盖一层烘焙纸。

12

面坯冷却以后卷起来。然后，把细砂糖放入生奶油中，垫在冰水上打至8分发，详见p56。

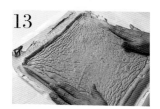

13

摘掉烘焙纸时，先从侧面开始。轻压两端的翘起部，略作整理。带着烘焙纸整体倒扣，把烘焙纸整张摘下来。然后再把蛋糕整个翻过来，扣在烘焙纸上复原。

14

将12的奶油均匀地涂抹在蛋糕上，覆盖每个角落。从离自己近的一侧掀起烘焙纸，慢慢把蛋糕卷起来。卷到蛋糕中间的时候暂停一下，人站到另一侧，继续向自己的方向卷蛋糕。蛋糕卷的封口处要压在下面。放入冰箱里冷藏5分钟，蛋糕卷挺实以后就可以切开享用啦！

冷藏的目的只是为了让奶油冷却，如果时间过长，蛋糕卷也都冷透了，就很难品尝到鸡蛋、黄油的香味。剩余的蛋糕卷可以密封后放入冰箱冷藏，第二天亦可食用。但是别忘了食用前要放在室温环境中，稍微让它回暖哦

奶油夹心蛋糕卷·抹茶&红豆

【材料】（1张30cm方形烤盘 2个细卷的分量）

无盐黄油（发酵）38g
a ⌈低筋面粉44g
  ｜发酵粉少于3g（少于3/4小茶勺）
  ⌊抹茶6g
牛奶70g（放入冰箱冷藏）
b ⌈鸡蛋47g
  ⌊蛋黄70g
蛋白霜
　蛋白150g
　细砂糖75g
糖浆
　热水 10ml
　细砂糖 3g
糖煮红豆200g
⌈鲜奶油185g
⌊细砂糖5g

【做法】

1 低筋面粉和发酵粉混合，过筛。再加入用茶网筛过的抹茶。a完成。此后蛋糕坯的烘焙方式与上述【原味】蛋糕坯相同。

加入抹茶粉后，蛋糕坯会更紧致一些。所以与p54的第4步骤相比，要更早从火上撤下来。

2

蛋糕冷却后，摘掉烘焙纸。切成两半，放在保鲜膜上。分别在两块蛋糕上轻轻涂抹冷却后的糖浆。

3

在鲜奶油中混入细砂糖，搅拌至9分融合。分成两半，分别慢慢涂抹在两块蛋糕上。注意涂抹均匀，别留出空洞。沿一条直线，将红豆分别放在两块蛋糕的中间。从离自己近的一侧掀起保鲜膜，开始卷蛋糕。卷好以后整理整体形状。蛋糕卷封口处压在下面，放入冰箱冷藏。5分钟后就可以从冰箱取出，厚一点儿切开。开始享用吧！

■用蛋白霜，做出花一样蛋糕。

酸奶冰冻夹心蛋糕

这款蛋糕可以品尝到蛋白霜本身的味道。这款冰冻夹心蛋糕，是混合了蛋白霜、冰淇淋和泡沫奶油的传统法式点心。我希望通过这款蛋糕，改变您对于蛋白霜"容易失败"、"只有甜味"的不良印象，所以在搭配上花了些心思。泡沫奶油和酸奶混合在一起，再装饰上大量的水果，所以做出的蛋白霜口感清爽、酸甜适中。这可是一款得到意外好评、销量高涨的蛋糕呢！

【材料】
（直径约18cm成品1个份）

蛋白霜坯
　蛋白 72g
　细砂糖 100g
　柠檬汁 1/2小茶勺
　玉米淀粉不足1小茶勺
原味酸奶约110g
┌ 鲜奶油 130g
└ 细砂糖 6g
草莓、菠萝、猕猴桃等合
计150~200g

● 蛋白放入冰箱冷却。最好
　放入干燥、无水的盆中进
　行冷却。
● 烘焙纸上划出直径约18cm
　的粉印，铺在烤盘上。
● 烤箱预热至120℃。

> 制作蛋糕的蛋白霜坯时，原则上需要使用蛋白分量2倍的砂糖。但是本书中提到的蛋白72g和砂糖100g的配合方法，可是好不容易才配好的分量。这种配合不但口感甘甜，而且泡沫稳定。只要能掌握好这个配比，打制的泡沫就不那么容易失败。所以，要准确地称量哦！

【做法】

1

> 打发方法请参考p10内容。搅拌器本身的旋转速度为10秒25~30周。

制作蛋白霜坯。在彻底冷却的蛋白中加入少许细砂糖和柠檬汁。用电动搅拌器高速搅拌2.5分钟，直至出现蛋白霜。

2

> 最好一边保持搅拌状态一边加入细砂糖，这样能避免蛋白霜出现粗糙的感觉。

继续高速打泡，同时将剩余的细砂糖分成3次加入。每次加入细砂糖后，高速搅拌30秒至1分钟。加入最后一次砂糖后，降低搅拌器本身的旋转速度。

3

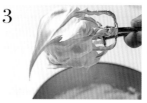

> 但是打发时间过长或搅拌力度过大，拉出来的"犄角"会有紧绷的感觉，这就不好啦！

理想的蛋白霜坯状态是整体润滑，而且能拉出长长的"大犄角"形状。

4

用茶滤筛一下玉米淀粉，加入3的蛋白霜中。

5

> 此处不用p13的方法B搅拌，只要一圈一圈地大幅度搅拌就好了。不要担心泡沫破掉，迅速仔细地搅拌。把所有玉米淀粉都搅拌均匀。

换成刮板继续搅拌。

6

取1/3的蛋白霜坯，放到烘焙纸上。用勺子摊平，铺满刚刚划出的18cm圆印。

7

过程中，蛋白霜坯逐渐变软也没有关系。用手指从勺子上刮下蛋白霜，蛋白霜的上面呈犄角状凸起。

用勺子盛起剩余的蛋白霜坯，用勺子沿着底面蛋白霜一圈扣出一个一个的凸起。如图做出皇冠形状。

8 在烤箱中慢慢烘焙2~2.5小时，渐渐取出蛋白霜坯中的水分，直至摸起来表面已经干燥为止。然后停止烘焙，直到烤箱完全冷却前都不要把蛋糕拿出来。烤箱冷却后，将蛋糕取出。为避免潮气渗透，放进加干燥剂的容器密封保存。

烘焙结束后，只要表面足够干燥，即使有点儿柔软也没问题。密封后，只要不受潮可以密封保存2~3天。而且只要这样保存，直到食用当天再点缀水果也OK！

9

制作奶油。倒掉酸奶里面的水分。在咖啡滤袋里放入厨房用纸，将酸奶倒在上面，放入冰箱冷藏2~2.5小时。滤水后差不多只剩下70g左右。

10

因为稍后还要加入酸奶，所以泡沫一定要打得足够坚挺。否则，放到蛋白霜坯上恐怕会淌下来，或者放在水果上也可能会碎掉。

以下均为食用前需要进行的工作。将喜欢的水果切成适当的大小。在鲜奶油中加入细砂糖，连盆垫在冰水里打泡。注意不要油水分离，一直打到出现坚挺的"小犄角"为止。

11

加入9的酸奶，用打蛋器迅速搅拌。

12

稍稍冷藏的程度口感最好。可以按照食用时间进行反推，在绝妙的时间制作、冷藏。这样一定能品尝到绝佳的味道。为了防止蛋白霜坯不受潮，尽可能在半天内食用完毕。

把奶油放在烘焙好的蛋白霜坯中，表面装饰彩色的水果。放入冰箱稍稍冷藏，食用前切开装盘。

【材料】

（8cm×18cm的磅模型1个份）

只要坚果的合计重量为
57g左右，成分可以按
照个人喜好搭配。

榛子15g
核桃 15g
开心果 7g
杏仁 20g

只要干果的合计重量为
85g左右，可以按照个
人喜好任意搭配。只用
两种干果亦可。

蔓越莓15g
葡萄干 40g
杏干 30g

a 细砂糖30g
  水10ml

意大利蛋白霜
  蛋白 27g
  细砂糖 6g

b 细砂糖 15g
  蜂蜜 20g
  水少许

鲜奶油 200ml

● 将蛋白放入冰箱冷藏。亦可
  使用冷冻保存的蛋白，解冻
  即可。

● 在模型底部铺垫烘焙纸（底
  面、侧面均需要）。

■冰凉爽口的冰淇淋与干爽酥脆
的坚果的美味和声。

牛轧糖奶冻

大家都应该知道裹着密密实实的坚果、粘牙但是奶香四
溢的糖果——牛轧糖吧。现在，我来介绍一款制作方式
类似于牛轧糖的冰点——牛轧糖奶冻。本店很推荐这款
口感香甜、简单易懂、适合手工制作的奶冻。奶冻的雏
形仅仅需要把稍打制出泡沫的奶油和意大利蛋白霜混合
在一起，然后冷却凝固即可。所谓的意大利蛋白霜，就
是加入热糖浆，提高泡沫的安定性，增强泡沫的紧致度
而已。本书中利用蜂蜜做成糖浆，风味更胜一筹。再说
奶冻中的坚果，因为只是简单烘焙，会很容易受潮，表
面烧焦后味道特别唐突。所以一定需要再包裹一层糖
衣。就像轻盈的日式点心五色豆那样，加入一点儿恰
到好处的香甜感就好。这款奶冻中，融合了牛奶的醇
香、酥脆坚果的浓香和干果的酸甜口味……味道的平衡
一定要反复调整，把握好才行哦！

【做法】

坚果种类不同，烘焙的时间也不同。请注意时间差。

适当烘焙坚果。各种坚果分开放在烤盘上，放入预热至160℃的烤箱中。3分钟后取出开心果，核桃需烤6~8分钟，杏仁和榛子需烤15~20分钟。都出现烘焙色后取出。

将烘焙好的坚果粗略切开。干果洗干净后擦干水分。杏干需要粗略切一下。

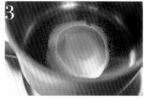

直径为16cm的小锅比较容易操作。如果换成其他大小的锅，加热方法需要发生变化。请注意。

将a放入单柄锅中，中火加热。搅拌至砂糖熔化，沸腾后继续加热20~30秒。

加入2的坚果，不停地搅拌。同时注意把蜂蜜都包裹在坚果上。

煎焙坚果的程度非常重要。煎焙得不到火候，坚果不会酥脆。煎焙得过分，糖会熔化焦固。

砂糖开始呈现白色结晶，并包裹在坚果上。继续搅拌，煎热。见呈现淡茶色，并且开始飘香以后，从火上撤下来。

马上转移至平盘或其他容器中摊平。倒入干果，同时放入冰箱中冷藏。

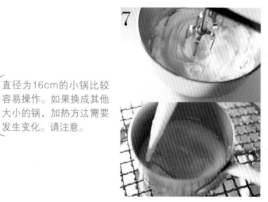

打泡方法请参考p10内容。搅拌器本身的旋转速度为10秒25~30周。制作意大利蛋白霜时，最初加入少许砂糖会比较容易紧固蛋白霜。

这个时候比较适合直径为9cm的小锅。

制作意大利蛋白霜。首先，在蛋白中加入细砂糖（6g）开始打发。同时，在小锅中加入b，中小火加热，轻轻搅拌。

如果没有温度计，建议沸腾后继续加热30秒。

将7中的b材料一直加热到110℃左右。用水慢慢溶解粘在锅壁上的糖分，使其回落至锅中。持续使蛋白起泡。

9

蛋白打至8分，加入8的热糖浆。加入糖浆的过程中，要继续用电动搅拌器低速打泡。

盆的下面可以铺一条拧干的毛巾。
一只手一边打泡，一边加入温度适当的糖浆会有点儿难度。但是只要这里成功了，之后的步骤就不容易失败。加油吧！

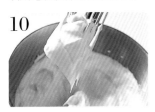

10

再次高速打泡，直到蛋白不那么烫，出现"小犄角"和光泽以后，把盆放在冰水中冷却。

11

将电动搅拌器降至低速，搅拌器自身的转速也放缓。在蛋白霜彻底变冷之前一直要继续打泡，直至做成紧致的蛋白霜。这个过程中，盆是一直放在冰水上冷却着的。

蛋白霜的温度应保持在10℃以下。

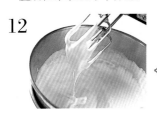

12

鲜奶油盆也放在冰水中冷却，搅拌至6~7分发的程度。用搅拌器盛起来以后，呈糊状慢慢流淌。

此处要注意不要搅拌过分。如果搅拌过分，稍后与蛋白霜混合时就容易分离。成型后的奶冻也很难有入口即化的口感。但是相反，如果泡沫打制得欠缺火候，又会失去柔软的食感。所以我们的目标是糊状流淌的状态。

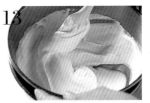

13

鲜奶油的盆还是放在冰水上，取一半11的意大利蛋白霜放入盆中，大幅度搅拌。

搅拌方法请参考p10的方法A。

14

放入6的坚果和干果，继续大幅度搅拌。将剩余的蛋白霜全部倒入，搅拌均匀。

慢慢转动小盆，以减少搅拌次数。

15

将材料全部放入准备好的模型中。途中需要咚咚地敲打模型底部，去除混入其中的空气。最后要将材料表面整理平整。表面包裹上保鲜膜，放入冷冻室使其凝固。冷冻时间至少半天以上。

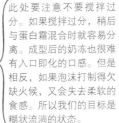

16

使用时从模型中取出，摘掉烘焙纸。刀具用热水温过后慢慢切开。

吃剩的部分可以再次冷冻保存。尽量在3日内食用完毕。时间过长，砂糖糖衣会吸收冰淇淋的水分，最好还是在坚果还酥脆的时候趁早食用。

第五章

用搅拌好的黄油制作出脆酥饼（Pâtebrisée）

- 香蕉&菠萝蛋派
- 法式咸派
- 扁豆派
- 大黄派
- 反转苹果派

■奶油和很多的水果放在
一起同时烘焙。

香蕉&菠萝蛋派

Mitten对于用蛋挞皮或乳蛋饼皮做成的脆酥饼的要求
是：干脆利落，黄油面粉的香味浓厚。法语中，Pâte
意为面饼皮，brisée意为细碎。物如其名，这是一款
细碎松脆的点心。制作面坯的时候，要把黄油颗粒撒
在面粉中，通过水分的力量把黄油和面粉凝结在一
起。为了实现这样的状态，大多数的场合需要用手一
边挤碎冷黄油和面粉的凝块，一边搅拌。实际上，能
熟练操作的人比较少。通常大家都会有"手的温度就
能把黄油熔化了，混合不好呢"、"搅拌过火"这样
的烦恼。而本书中介绍的这一款食谱，就可以不用这
样费心搅拌，也做得出来细碎的口感。而且各种材料
在烘焙之后，也能像派一样恰到好处地各自分层。本
书介绍的脆酥饼不需要单独烘烤面坯，材料和面坯可
以放在一起烘焙，同时出炉。首先，我们来试试用香
蕉和菠萝这样的热带水果和杏仁奶油混合在一起烘焙
出来的时尚口味吧。这可是本店的热销商品哦。

· 在制作脆酥饼的过程中，
需要准备的面坯分量应比实
际面坯的体积稍大一些。本
书中制作的脆酥饼面坯实际
只有180~190g，但在制作
过程中准备出220g比较合
适。我通常都会准备出400g
的面坯材料，选取220g制作
出1张脆酥饼。剩余的面坯
（一小半）可以放入冰箱保
存，直到下次做点心的时候
使用。这样就不会浪费了。
· p71的派等点心都是用不足
330g的面坯来制作的。方便
起见，连在一起介绍。
· 面坯冷藏保存的保质期为
5日，冷冻保存的保质期为2
周。

【材料】
（直径20cm的蛋挞模型1个份）

脆酥饼（成型后约400g / 成型后不足
300g的分量）

无盐黄油 140g / 105g
低筋面粉 210g / 158g
蛋液
 ┌ 蛋黄 8g / 6g
 └ 水 37ml / 27ml
  细砂糖 4g / 3g
  盐 2g / 1.5g
杏仁奶油
  无盐黄油 75g
  细砂糖 75g
  鸡蛋 65g
  杏仁粉 75g
香蕉果肉约100g
菠萝果肉约200g

●烘焙前一日整理好面坯，在冰箱中
冷藏一晚后使用。

【做法】

制作脆酥饼

● 将黄油切成均等厚度，恢复至室温。
● 低筋面粉过筛。

1

准备蛋液。蛋黄与水均匀搅拌，然后加入细砂糖和盐，搅拌均匀。放入冰箱冷藏。

> 首先搅拌蛋黄和水。如果从一开始就加入细砂糖和盐，蛋黄会凝固。

2

把黄油放在小盆中，用刮板搅拌。直至整体感觉均一润滑为止。

3

一次性加入所有的面粉。这里不是用搅拌的方式，而是用刮板的边缘，像切割一样进行混合。

> 搅拌方法请参考p14的方法C。但是不是使用刮板面，而是使用刮板边缘"切割"。
> 如果黄油粘到刮板上，就时不时在盆边缘刮一下，整理干净。

4

搅拌至整体呈现细致的肉松状，看不到白色低筋面粉为止。

5

倒入冷藏后的1中的蛋液，搅拌至水分和面粉充分混合。

6

蛋液中的水分与面粉充分混合后，用刮板向盆边聚拢。最后形成一个面团。

7

将面团放在保鲜膜中，将厚度均匀地整理成2cm左右。用保鲜膜包裹，放入冰箱冷藏一晚。

> 这个状态下可以冷藏或冷冻保管。冷冻的场合，使用前可以放到冷藏室自然解冻。

制作面坯形状

● 面团放入冰箱冷藏。

> 蛋挞需要至少在烘焙前2小时做出面坯形状。

8

取一大半面坯，放在撒了手粉（分量外）的台面上。将面团的四角在台面上按扁，用擀面杖敲打几下。然后稍微擀开。

> 这是一款黄油含量较多的点心，如果不能趁着面坯冰凉的状态开始制作，面坯就会很快变软。理想的软硬程度是：如果不用擀面杖敲打，几乎就无法擀开的程度。从这个时候开始敲打面坯，保证面团整体的硬度。

9

面坯慢慢变成容易擀开的程度后，擀成均等的3mm厚度。在适当的时候将面坯整体旋转90°，改变方向。此时，应在台面上再撒些手粉。

10

迅速、仔细地让面坯和模型贴合在一起。先把面坯一角紧紧按在模型的立面上，然后再沿模型边缘慢慢挤压。

将面坯反过来，蘸了干粉的一面朝上。迅速盖在模型上面。仔细沿模型边缘挤压一周，确保底部整体没有空气进入。

11

在模型上面用擀面杖擀一下，超出模型边缘的面坯从边部脱落。

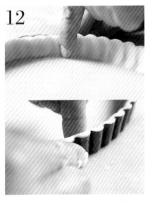

12

因为烘焙后面坯会收缩，所以烘焙之前的高度应略超出模型才好。

用手指轻轻按压模型侧面，特别是仔细地按一按侧壁的凸凹部，使面坯和模型的贴合更为紧实。同时，面坯高度应超出模型外沿2mm左右。

13

如果能密封保存，保证不串味、不变干，这样的状态可以冷冻保存2周以上。使用前无须解冻。

用叉子在面坯底部刺出均等的小孔（用来透气）。再次放入冷冻室，冷却2小时以上。

放入奶油、水果，烘焙。

●将黄油切成均等厚度，恢复至室温。

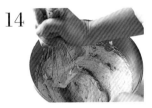

14

制作杏仁奶油。在黄油中加入细砂糖，用打蛋器搅拌至发白。分3次加入鸡蛋，一边加入鸡蛋，一边用打蛋器垂直搅拌。搅拌过程中尽量不要混入空气。

15

感觉厚重即可，若有垂淌现象，则应再放入冰箱冷藏一段时间。但小心别冷藏得太硬。冷藏可保存4~5日，冷冻可保存2周。

换成刮板，加入杏仁粉继续大幅度搅拌。

16

烘焙过后中心部会略膨胀。所以烘焙前凹陷的地方，在烘焙后正好取平。

将烤箱预热至180℃。将15放入13的面坯中。如图，用刮板从中心开始向外侧涂抹，沿模型一周。可以使中心部稍微凹陷。

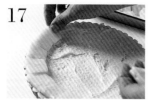

17

烘焙后会收缩，如果水果中间出现缝隙，之后恐怕会烤焦。所以水果、奶油之间不要留间隙，应该重叠着摆放。

最上面摆上切成恰当大小的香蕉和菠萝。首先从模型边缘开始摆。

18

一起烘焙时，要调整好水果的重量，保证整体受热均匀。加入很多填充物不仅好吃，还能使这款点心受热均匀。可谓一石二鸟。但如果加太多水果，会把下面的奶油挤出来。要小心哦。

不烫手后，就可以品尝了。这时候的美味无与伦比。剩下的部分可以包上保鲜膜，在冰箱冷藏保存2~3日。食用的时候放入烤箱中稍微加热即可。

水果重叠摆放。放入烤箱中烘焙50~60分钟，直至出现烘焙色。从模型中取出，确认底部烘焙状况。如果底部尚未出现浅棕的烘焙色，就放回模型继续烘焙几分钟。

小贴士
03

了解烤箱的特点

每一个烤箱都有自己的特点。除了热源差异、对流与否的差异之外，还有个体差异。所以，即使显示的温度相同，也可能因为上火的强弱而烤出不同的点心。所以了解自己烤箱的特点，与它和谐共处，也是烘焙的一个要点哦。

●如果下火很强，常常烤煳，可以考虑放两张烤盘，或者在烤盘上铺一层烤垫。如果上火强，可以烘焙中途将烤盘下移一层，或者在上面盖上铝膜防止烤焦。

●有时也会有烤箱内侧、外侧烘焙不均匀的问题。根据情况，可在烘焙至8分程度后调换烤盘方向。此时动作要快，要注意安全。

●按食谱提供的参考时间烘烤，可是觉得有点儿火候不到的话，可以将温度调高10~20℃，或者延长预热时间。放入面坯后，把温度降至制订水平。烘焙时间延长5分钟应该没什么问题，如果需要更长的时间，可以把实际烘焙温度升高10℃，烘焙一段时间后再把温度降低到指定程度。一般来说，电烤箱的降温速度和程度要比煤气更快，这一点请格外注意。无论怎样，都要反复尝试才能找到诀窍。

●预热后，放入面坯时应尽量快开门、快关门。尽量减少温度的损失。为保证安全有效的操作，Mitten推荐的方法是：把两个手套套在一起使用。

■干烤。
说到小酥饼，当然也可以烘焙派啦！

法式咸派
扁豆派

在各种各样的蛋挞坯中，还有其他甜口派坯，能直接烘焙出薄饼的面坯。我们可以利用咸口酥饼的面坯制作酥饼派，来当作茶点或者红酒零食呢。当然，加入很多鸡蛋、牛奶做出的法式鸡蛋糕口味的点心也很有魅力。但是Mitten流的做法是加入很多鲜奶油的小小比利时风点心。这款点心在重视酥脆口感的同时，兼具烤制风味乳蛋饼的感觉呢。

法式咸派

【材料】（直径15cm的深型无底蛋挞模1个份）

脆酥饼（p66，在冰箱中冷藏一晚后使用）150g

培根（薄片）2片

火腿（薄片）20g

┌ 洋葱 60g
│ 盐少许
└ 色拉油少许

格里尔奶酪 30g

派馅
　鲜奶油 120g
　牛奶 24g
　鸡蛋 48g
　盐、胡椒各少许

【做法】

1 参考p68的制作方法做出生面坯，敷在模型上，放入冰箱至少冷藏2小时。区别有以下3点：厚度变更为4mm、不刺孔、面坯边缘不需要高于模型边缘。

2

烤箱预热至190℃。将烘焙纸剪成直径约18cm的圆形，圆周以1~1.5cm的间隔剪出3cm的裂口。然后包括角落处在内，紧密地覆盖在面坯上。

> 如果剪开的裂口不均匀，就会导致覆盖的时候出现皱纹、翘起，无法紧密贴合。如果贴合得不够紧密，就会导致边缘某处受到过大的压力，高度降低。最后派馅从低处流到模型底部，最终以失败告终。

3

> 使用高度为2.5cm的模型。

> 放入模型中面坯的量为120~130g，整个铺入挞模的面坯约150g（包括需要去掉的边缘部分），所以，一般制作约300g左右的量比较好操作。

在烘焙纸上放上满满的重石。放入烤箱中干烤30分钟左右。

4

> 如果出现的烘焙色不均匀，就再把烘焙纸和重石放到上面，放入烤箱中继续烘焙。直到出现均匀的浅烘焙色为止。但是，若烘焙过分就不好吃啦！

从烤箱中取出，用烘焙纸托着重石整体拿掉。确认烘焙状况。如果已经出现浅浅的烘焙色，就可以开始冷却了。

5 将培根切成5mm左右的细条，放入炒勺中干炒。溢出来的油分用厨房用纸吸掉。火腿切成1cm的小块，洋葱切成适当的小块，一起放入色拉油中炒至变色，放盐出锅。将奶酪切成5~6mm的小块。

6 烤箱预热至180℃。制作派馅。鸡蛋打散后加入鲜奶油和牛奶，用打蛋器搅拌。用细网过滤后加入盐和胡椒。

> 加入牛奶，能让鲜奶油的醇香更胜一筹。整体添加一份清爽的美味。

7

> 凉了以后，可以切成小块，再放入烤箱中加热后食用。剩余部分放入冰箱中冷藏，只能保存到第2日哦。

将4的材料倒入5中，铺平。上面浇上6的派馅，放入烤箱中烘焙20分钟左右。表面开始出现焦色后取出。等开始有香气冒出，不烫手的时候，就可以品尝啦！

扁豆派

【材料】（直径15cm的深型无底蛋挞模型1个份）

脆酥饼（p66，在冰箱中冷藏一晚后使用）150g

┌ 煮扁豆 100~200g
└ 盐少许

色拉油少许

派馅
  鲜奶油 100g
  牛奶 20g
  鸡蛋 40g

盐、胡椒各少许

【做法】
制作煮扁豆

【材料】（1次的量）

红豆（干燥状态）100g
培根（薄片）40g
（切成细条）
洋葱中等大小1/3个
（切成4~5mm的小块）
胡萝卜1/2根
（切成4~5mm的小块）
盐、胡椒各少许
色拉油、黄油各少许

扁豆用水洗干净以后，放在宽裕的水中点火加热。沸腾后倒入笊篱中滤干热水。

> 不作任何处理也可以作为小菜，与叶菜一起做成沙拉，是很重要的常备菜品。

> 扁豆推荐法国产的带皮扁豆。豆粒较小，味道独特，比较好吃。

在锅内放入色拉油，油热后翻炒培根。有油溢出后加入黄油，黄油熔化后再加入洋葱继续翻炒。然后放入胡萝卜、盐、胡椒翻炒。放入扁豆，加水没过材料后小火加盖煮20分钟左右，直到豆子变软，收汁后冷却。

烘焙派坯

3 取煮好的扁豆100~120g，加盐搅拌，可以略咸一点儿。之后的做法与法式咸派的做法相同，只是要把炒好的培根和火腿换成煮扁豆。倒入派陷后放入180℃的烤箱，烘焙约20分钟。

 小贴士
04   **确认蛋挞坯的孔洞**

1 如果干烤出来的蛋挞坯出现孔洞，里面的馅儿就会漏出来，结果要么是粘到模型上，要么是烤得不够酥脆。为了看看是否有这样的问题，可以在出炉冷却后，举起来对光确认。如果有漏洞或者裂纹的话，能一眼就看出来。

2 为了填补脆酥饼生坯上的漏洞，可以在面坯外面盖上一小块面皮，然后重新放回模型中去。然后注入派馅，同样进行烘焙即可。在外面覆盖一层面皮，饼坯也能万无一失地被烤熟。如果在生面坯的时候发现边缘不够高或者有缺陷的话，均可以用此方法修复。

【材料】
（直径20cm的蛋挞模型1个份）

脆酥饼（p66，在冰箱中冷藏一
晚后使用）约300g
大黄（叶柄）350g
细砂糖90g
覆盆子果酱 25g
碎馅
低筋面粉 25g
杏仁粉 25g
盐一小捏
无盐黄油（最好是发酵黄
油）16g

请参考p83的内容。可以使用市面上销售的果酱，草莓果酱亦可。

●黄油切成1cm的小块，放入冰箱冷藏。

【做法】

1 请参考p68的内容，将面坯摆在模型上，放入冷冻室内至少冷冻2小时。区别有以下3点：厚度变更为5mm、不刺孔、面坯边缘不需要高于模型边缘。

2 请参考p72的内容进行干烤。烤箱温度设定为200℃，烘焙20~23分钟。

3

洗干净大黄，控干水分。切成3cm的小块，放入锅中。在上面撒上细砂糖，静置10~20分钟。

■松脆的面坯、酸甜的果酱，全都是分量十足的。

大黄派

夏秋转换之际，很适合烘焙大黄的点心。大黄很像蜂斗叶，加热以后会有不可思议的略酸的香气。我常常自己做果酱。有一次在干烤出来的大黄碎蛋挞上浇上了大黄果酱，然后烘焙出这款大黄碎蛋挞。已经是成品的大黄果酱再进行烘焙，会有一种黏稠的口感。入口即融的大黄和醇香的碎馅，在这款厚实、温醇的Mitten流蛋挞中，完美地融合。

4

大黄开始出水后，盖上盖子蒸煮4~5分钟后，用竹签刺一下试一试。如果能轻松穿透，就马上用笊篱捞起来，和水分分开。水分留在锅里。此后的一段时间，大黄还会继续淌水，所以下面要接一个盆。

大黄的软硬度区别很大，注意不要煮碎了。煮的过程中，请时刻关注大黄的状态。

5

点火，继续煮刚刚留下的水分。水分只剩下2/3时关火，把大黄和淌下来的水都倒入锅中，冷却。

6

制作碎馅。把黄油以外的材料都放入盆中搅拌。冷却后加入黄油，用手一边碾碎黄油一边搅拌。可以时不时地把材料团成一个团，然后再打碎。这样搅拌的效果更均匀。然后放入冰箱冷藏。

7

烤箱预热至190℃。浇上2的果酱，再盖上5的材料、摊平。

根据大黄的品质与加热情况的不同，也会有水分残留的情况，但即使水分很多也不要紧。

8

撒上碎馅。可以时不时地把材料团成一个团，然后再捏碎撒上，放入烤箱。

9

碎馅缝隙处会出现沸腾的大黄。35分钟左右以后，碎馅表面出现漂亮的烘焙色。这时候，里面的大黄也一定被烘焙得恰到好处。

10

从烤箱中取出。在烤熟的大黄冷却硬化前从模型中取出。不烫口，尚有温度留存的时候就可以品尝了。

保存方法请参考p70的【香蕉&菠萝蛋挞的保存方法】。

【材料】
（直径15cm的海绵蛋糕模型1个份） { 使用有底的模型。

脆酥饼（p66，在冰箱中冷藏一晚后使用）约300g
红玉苹果约3个（可使用重量为500~550g）
无盐黄油 30g
细砂糖 20g
焦糖
　　细砂糖 50g
　　热水 2小勺
鸡蛋少许

● 黄油切成小块，恢复至室温。
● 模型内部涂满黄油（分量外）。
● 烤箱预热至200℃。

【做法】

1　参考p68的面坯做法。厚度为3~4mm，擀成略比模型大一点儿的圆形面皮。

2

模型反扣过来，沿着模型边缘刺出小孔（排出空气的孔洞），放入冰箱冷藏。

3

苹果去皮，切成4块，去核。横着切成4~5mm厚度的薄片，保持苹果形状。

■脆酥饼的另一款，挑战用快速煮熟苹果的方法制作出。

反转苹果派

这款点心是把平常的派馅和面坯反过来烘焙的。颠倒材料放置顺序后，出现的香气以及光泽鲜亮的模样非常有魅力。但是，把苹果切成厚度一致的薄片，然后烘焙出焦糖色，可是很难的一项工程。日本比较常见的是红玉苹果（跟中国的富士苹果差不多），水分含量很大。所以不仅需要很长的时间去烘焙，而且苹果的状态不同，每次烘焙的时间都不同。这个时候，我们可以不拘泥于传统的食谱，而可以自创一些诀窍。例如，可以把苹果切成4块以后再分别切成薄片，然后紧紧捏在一起。烘焙的时候上下都加热，可以使砂糖和黄油更均匀地渗入到点心中。焦糖需要事先做好，保证浓度恰到好处。然后倒入模型中。烘焙的过程中，苹果汁会稀释焦糖的浓度，但只要掌握好烘焙的火候，就能在出炉时得到理想的效果了。

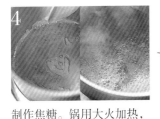

4

糖浆有可能会飞溅，请注意。

制作焦糖。锅用大火加热，撒入细砂糖铺满锅底。外侧细砂糖开始熔化出现焦色后用刮板搅拌。继续加热，颜色加深、细小的糖泡开始变大后关火，加入热水。

5

颜色太重的话味道会变苦。但是如果颜色不够浓，之后烘焙苹果的时候时间就要缩短，成品往往火候不够。

立即快速搅拌。出现照片中的浓稠焦糖色即可。

6

趁焦糖温热柔软的时候倒入模型中，放入一半量的黄油。

7

成品以后，底部向上。所以铺苹果的时候将苹果片略微错开，烘焙出来的样子会更好看。

苹果切口向上，如图紧密地铺在模型中。撒上半量的细砂糖。

8

将剩余的苹果切口向下铺在刚才的苹果上面。用手指轻按。

9

撒入剩余的黄油和细砂糖放入烤箱中烘焙。

10

应该会有苹果汁从模型周边溢上来。

约25分钟后，苹果表面出现局部烘焙色，而且苹果汁开始沸腾冒出。这个时候，把模型从烤箱中取出，用锅铲从表面平着按压苹果。

11

马上从冰箱中取出冷藏后的面坯，放在10上。由四周慢慢向内侧推压。

12

要烘焙到出现浓郁的烘焙色，挤压模型周边也没有苹果汁溢上来为止。苹果汁会从面坯和模型的缝隙中蒸发。所以整个烘焙的过程就像盖了一个盖子煮苹果一样。

表面涂上打散的鸡蛋，再次放入烤箱内烘焙25~30分钟。

13

放入冰箱冷藏后会比较容易脱模，而且脱模时也不容易碎掉。可以先左右摇晃模型，或者用火直接烤一下模型底部。
在尚未受潮的时候品尝吧。这种适当而内敛的苹果香，可以多吃一点儿哦！！

从烤箱中取出，把面包刀插入苹果派和模型中间，把模型和苹果派分离开。然后静置冷却。温度降下来以后倒扣在盘子里，脱模。

第六章
在烤箱里煮出来的点心

●林茨挞

【材料】
（直径18cm×高4.5cm的圆
形模环1个份）

面坯
　　无盐黄油（发酵）120g
　　细砂糖 78g
　　鸡蛋 48g
　　低筋面粉 120g
　　海绵蛋糕屑 40g
　　榛子粉 115g
　　盐一小捏
　　肉桂粉 3g
　　豆蔻颗粒 1小勺
　　丁香 3粒
　┌ 覆盆子果酱（p83）70g
　└ 水 20ml
　榛子 35g
　杏仁薄片少许

海绵蛋糕可以使用烘
焙后被切下来的上面
的部分。如果不觉得
过甜，使用市面销售
的蛋糕亦可。

◼林茨挞的面坯厚实却轻巧，
　上面的果酱黏稠香甜。

林茨挞

这是一款维也纳的传统点心，在巴黎的Pâtisserie点心屋吃到这款林茨挞时，给了我深深的感动。这款点心蕴含了坚果和调味料的丰富口味，并且夹着果酱进行烘焙。维也纳有各种各样的点心配合方法，但往往都是在硬质的点心中夹了果酱一起烤制出来的，所以外香里嫩，每每让品尝的人感动于入口即化的果酱香甜。果酱的做法很简单。因为制作的过程就好像是把恰到好处的果酱又放到烤箱中继续煮一样，所以使用的时候要先用水稀释一下。至于面坯，与其说是曲奇、蛋挞的面坯，不如说是磅蛋糕的面坯更合适。因为要把黄油打出丰富的泡沫，然后烤制出入口即化的口感才行。另外，这也是一款千万不能烤过火的点心。姑且认为它是半生的点心吧。让我们一起尝试这款含有新鲜调味料、有异国风情的点心吧。虽然制作的过程略微烦琐，但是推荐喜欢制作点心的人挑战一下哦！

【做法】
事先准备

1 把黄油均匀切成1cm厚度的薄片，用保鲜膜包裹，恢复至20℃的温度。

> 请参考p38的内容。

2

用粗眼筛子过筛海绵蛋糕屑。

3

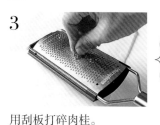

> 肉桂粉和打磨的肉桂颗粒的香味不同，建议使用打磨的方法。

用刮板打碎肉桂。

4

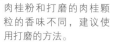

丁香装在厚一点儿的塑料袋中，用擀面杖敲打成粉末状。

5

榛子放入烤箱内烘烤15分钟左右，冷却。每一个都切成均匀的6等份。

6

果酱用水稀释。

烘焙

- 在模环内侧涂抹黄油（分量外）。
- 烤箱预热至170℃。

> 可以使用海绵蛋糕的模型，尽量选用底板可以摘除的模型。内侧涂抹黄油，底部铺垫剪成圆形的烘焙纸。

7

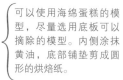

> 打发方法请参考p10的内容。搅拌器自身的旋转速度为10秒20~25转。

把细砂糖加入到黄油中，用电动搅拌器高速搅拌4~5分钟，直至出现松软的泡沫。

8

> 通常林茨挞的泡沫不用搅拌到这个程度。但是与磅蛋糕一样把黄油泡打得好一点儿，成品就不会变得像曲奇一样硬。口感轻巧。

将打散的鸡蛋分3次加入，每次加入鸡蛋后都应打制1分钟泡沫。

9

剩余的材料全部混合在一起。

10

> 混合方法请参考p11的方法A。搅拌到全部均匀，看不到干粉即可。不需要过度搅拌。

将9全部加入到8的盆中，用刮板混合。

本来可以不放入榛子仁。但是加入榛子可以增加香气。

11 在烤盘上铺垫烘焙纸，上面放上模环。把榛子仁撒在上面。

12 将约340g的10的面坯铺到11的上面，用刮板或手指整理表面使其平整。

13 在裱花袋上装配八角星形（或星形）的裱花口，把剩余的面坯挤在模环周边处。

14 浇上用水稀释后的果酱，用刮板铺平。

15 用13剩余的面坯在表面挤出网格状。可如照片中挤出3条交叉线。

16 把杏仁片撒在格子状的面坯上。

17

放入烤箱内25~30分钟，直至表面出现轻微的焦色。从烤箱中取出，脱模。稍微冷却、凝固后放到托盘上冷却。

趁热脱模然后冷却，会让蒸汽更好地散发掉。这样一来，外侧的面坯会有酥脆的口感。使用海绵蛋糕模的时候，应该在稍微凝固后尽早脱模。

小贴士 **05**　**覆盆子果酱的制作方法**

材料（1杯左右的分量）
覆盆子（冷冻品亦可）150g
水 33ml
a ┌ 果胶 2g
　└ 细砂糖 13g
糖稀 59g
细砂糖 110g

1 将覆盆子和水放入锅中，用打蛋器一边挤压一边中火加热。煮开以后从火上拿下来。

2 加入混合好的a，充分搅拌。再点火加热，煮2分钟。加入糖稀、细砂糖充分搅拌。调整火量，保持扑哧扑哧冒泡的热度煮4分钟左右。

第七章

打发方法与和面方法，孕育出与众不同的磅蛋糕

- ●香草磅蛋糕
- ●柳橙口味仲夏蛋糕

■黄油不需要打到发白，5分程度就
好。加入面粉后不需要搅拌到出
现大面团，搅拌不到80次即可。

香草磅蛋糕

四方端正的磅蛋糕是不是曾经无论如何都想做来试
试？但是，偏偏总是听说这款蛋糕的烘焙效果不尽
如人意。大致的理由都是"厚重的蛋糕堵住了嗓子
眼儿，感觉好干！"这样。Mitten流的磅蛋糕，却是
一款常常得到"在别的地方都品尝不到呢！"这样
的赞美之词的点心。我个人引以为傲的地方是这款
蛋糕细腻、湿润，却不失清爽的口感。秘诀就在打
发的方法和和面的方法中。打制黄油泡沫的时候用
电动搅拌器搅拌5分钟。加入鸡蛋以后继续打泡，让
黄油中包含尽可能多的空气以后，再加入面粉。充
分使用刮板的面进行搅拌，如果出现的气泡足够强
韧，那么搅拌80次也不会破掉。或者说，是面粉的
韧力支撑着气泡，所以口感才会均匀柔软又弹力十
足。这一款原味的磅蛋糕中，加入了香草糖浆，所
以香味浓郁，而且美味可以持续3~4天。

【材料】（9cm×21cm×深度7cm的磅蛋糕模型1个份）

无盐黄油（发酵）120g
细砂糖 120g
鸡蛋 102g（黄油的85%）
香草豆荚 1/5~1/4根
┌ 低筋面粉 120g
│ 发酵粉 1g多一点儿（小
└ 勺1/4匙）
糖浆
　水40ml
　细砂糖 9g
　香草豆荚（取种后的豆
　荚即可）1/5~1/4根

●从香草豆荚中取出香草粒。
●把烘焙纸铺在模型中（把烘焙纸的四角剪开，使其能紧密地贴在模型底部与侧面上）。
●低筋面粉与发酵粉混合在一起过筛。
●烤箱预热到180℃。

推荐使用透热均一的白铁皮材质模型。不锈钢模型的缺点是侧面透热比较慢。

基本来讲，磅蛋糕是使用等量黄油、砂糖、鸡蛋、面粉的点心。但是Mitten流的磅蛋糕中鸡蛋含量仅为黄油含量的85%。我们想要打制更好的黄油泡沫，但是假如水分较多的鸡蛋，就会导致起泡效果不理想。另外，放入太多鸡蛋也会导致成品蛋糕的收缩率变大。

【做法】

1

黄油均匀切成1cm厚的薄片。用保鲜膜包起来，恢复20℃的温度。然后放入小盆中，加入细砂糖。用刮板斜向搅拌。

请参考p38的内容。
没有温度计时，柔软到手指能轻松插入的程度时，就差不多是20℃了。
室温低的情况下，从较软的黄油开始；室温高的时候，从较硬的黄油开始。尽量保证制作过程中黄油的温度一直在20℃左右。

2

换成电动搅拌器打泡。用定时器控制5分钟的搅拌时间。打制到成为图片中的霜状为止。

打泡方法请参考p10的内容。搅拌器自身的旋转速度为10秒20~25转。
5分钟后如果没有出现照片中的霜状效果，说明搅拌转数或搅拌器自身的转速不够。应该提速。还应该再确认一下黄油的温度。

3

将打散的鸡蛋分成4次加入，每次加入鸡蛋后要持续打泡2分钟左右。

此处要考虑室温对鸡蛋温度的影响。如果室温低于15℃，要利用热水把盛鸡蛋液的盆加热到30℃。室温在25℃以上的时候，请加入冷却至15℃的凉蛋液。

4

即使多少有些分离也没关系。相比之下，应该更在意起泡程度，以及20℃左右的温度。

分4次加入蛋液以后继续打泡2分钟。直到空气含量十足，体积膨胀到原来的2倍，成为细腻的霜状即可。

5

一开始就大规模搅拌的话，很难搅拌均匀。注意不要留下硬块哦。

将香草豆荚粉放入4的面坯中。先局部搅拌，粉块全部散开后再整体搅拌。

6

搅拌方法请参考p11的方法A。

加入面粉，用刮板大幅度搅拌。即使看不到干粉了也要继续搅拌。在出现柔软润滑、光泽鲜亮的面团前，大概需要搅拌80次。

7

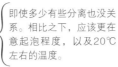

用刮板分几次将面坯盛入模型中。这时候是柔软的面团甩掉的感觉。

8

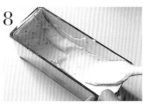

模型中间的面坯较低，两端高一些。将表面整理平整。向下蹾几下模型，放空中间夹杂的空气。轻轻拉几下下面的垫纸，稍作整理。放入烤箱内烘焙35~40分钟。

9

烘焙期间，制作糖浆。将香草荚分成3或4等份，让香味比较容易散发出来。然后与糖浆所需的其他材料一起倒进小锅里。点火，一边用刮板轻轻挤压一边搅拌，熬出香味。开始沸腾后变成小火继续煮1~2分钟，然后停火。

10

关于保存方法。冷却后用食用透明塑料袋（也可用两层保鲜膜代替）包裹，放入冰箱冷藏。为防止蛋糕干燥，不要摘掉垫纸。食用时恢复室温即可。
从烘焙日开始，可以冷藏保存4天。

表面裂纹处也出现淡淡的烘焙色以后，就可以从烤箱里取出来了。趁热从模型中取出，不摘掉垫纸。将糖浆涂抹在蛋糕表面。

用一种食品搅拌机（KitchenAid）制作香草磅蛋糕

本书中使用的机种是【KSM5】。

参考p88 1的方法，把黄油恢复至20℃。然后把黄油和细砂糖放入专用的盆里。

机种不同，速度也会不同。左述为参考速度。比较合适的是最高速度的30%左右，也就是说不适合高速搅拌。

放入搅拌叶片，如果搅拌的速度有10挡，则设定至3挡进行搅拌。

用刮板清理散在侧面的黄油，均匀搅拌。整体均匀后，再继续同速打制5分钟泡沫。直至体积变成2倍、成为白色霜状为止。如果5分钟后泡沫程度不够，就再打一会儿。

此处也需要小心保证蛋液的温度始终为20℃左右。

用刮板把侧面整理干净，分4次加入蛋液。每次加入蛋液后，都要打制2.5分钟泡沫，同时注意清理侧面。

整体呈现松软泡沫状以后，从食品搅拌器上取下。然后按照p89中5的方法加入香草豆荚，搅拌。

●理想的面坯状态，请参考p89第6步中的描述。

加入面粉，用刮板搅拌。搅拌的方法基本相同。但是KitchenAid的盆底中心部有凸起，请回避此处。尽可能沿着盆的直径进行搅拌。另外，盆比较深，没有必要把刮板一直抬到盆表面上来。刮板只要抬到面坯上面的高度，把面坯再甩下去即可。搅拌80次左右以后，按照p89第7步以后内容制作。

■冷藏保存也不会变硬的磅蛋糕。

柳橙口味仲夏蛋糕

这款混合了黄油、鸡蛋、柳橙香气的传统法式点心，可是无法动摇的绝对美味哦。非常适合作为周末茶点品尝。日本的夏天，人们往往回避黄油味儿十足的磅蛋糕，但是悠闲地尝尝这款略有酸味的周末茶点如何？一般来说，磅蛋糕冷藏以后黄油会变硬，然后蛋糕整体的口感就会大打折扣。本书介绍的食谱是用了冷藏也不会变硬的酸奶油，而且加入了柳橙果汁。放入口中的同时就能感到四溢的香气。制作这款蛋糕的时候，需要先打制鸡蛋泡沫哦。

【材料】（9cm×21cm×深7cm的磅蛋糕模型1个份）

推荐使用透热均一的白铁皮材质模型。

鸡蛋 115g
细砂糖 125g
┌ 无盐黄油 84g
└ 酸奶油 42g
柳橙适量（带皮1个、果汁120ml）

低筋面粉 125g
杏酱 50~60g
糖汁
　柠檬汁 8ml
　水 8ml
　糖粉适量（70g高筋面粉）

一般的市面销售品即可。

●柳橙洗干净，打制柳橙汁。
●在模型中铺垫纸（把纸剪开，使其能平铺在模型的底面及侧面）。
●低筋面粉过筛。
●烤箱预热至180℃。

【做法】

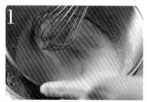

1

鸡蛋打散，放入细砂糖，用打蛋器均匀搅拌。连盆放在热水上加温，一边搅拌一边确认砂糖的熔化程度。到40℃左右，就从热水中取出。接下来操作第3步。

2

在其他盆中混合黄油和酸奶油，此步骤与3同时进行。交替在热水中加温，保持在40~50℃。

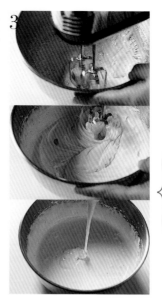

3

打泡方法请参考p10的内容。搅拌器自身的旋转速度为10秒15~20周。砂糖含量比较多，所以尽力打泡也只能到这个程度。大约打制5分钟。

用电动搅拌器高速搅拌5分钟左右。理想状态为：盛起面糊时，面糊会流淌下来落在盆里。落在盆里的面糊会出现痕迹，但痕迹很快就消失。

4

电动搅拌器降至低速，将其固定在距离自己近的一侧的盆边缘附近。每隔10~15秒将盆沿逆时针方向转60°。一边变换打泡位置，一边持续打制2分钟泡沫。

5

黄油容易沉底，请从底部开始大幅度搅拌。

把柳橙皮碎末加入2中，搅拌。然后整体倒入4里，迅速搅拌。

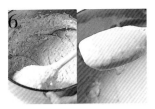

低筋面粉一边再次过筛，一边加入5的盆中，用刮板大幅度搅拌。看不见生粉后仍然要继续搅拌60~70次。直到面团变得柔软润滑，色泽光亮。

7

将面坯倒入模型中，向下蹾几下模型，放空中间夹杂的空气。放入烤箱中烘焙40分钟。直到裂纹里面也出现淡棕色的烘焙色。

8

从模型中取出，2~3分钟后摘掉烘焙纸。趁热在表面涂抹柳橙果汁。果汁可以涂抹得厚一点儿，轻轻拍打蛋糕表面，让果汁渗透得更均匀。

9

放在网上冷却。完全冷却以后，把放在小锅中加热好的杏酱涂在蛋糕表面。蛋糕底面不用涂抹。然后静置在室温中，干燥30分钟。用手指碰触蛋糕表面，沾不到任何东西即可。

搅拌方法请参考p11的方法A。

如果蛋液纹理细腻、泡沫强韧，泡沫就不容易破碎，这样才能形成光亮的面团。这款蛋糕比"香草磅蛋糕"要更柔软一些，所以此处的面团也可以更软一点儿。

用刷子或者面包刀涂抹。要涂成没有任何遗漏的一层薄膜。

10

制作糖汁。水和柠檬汁混合在一起。加入4/5左右过筛好的糖粉，进行搅拌。一边搅拌，一边慢慢加入剩余的糖粉。理想状态是糖汁流下以后会留下痕迹，但是很快就消失。

11

把10的糖汁涂在蛋糕上面和侧面。用刷子或面包刀涂抹。要涂到表面没有任何遗漏。烤箱预热至230℃以后降温至210℃。将蛋糕放入烤箱，烘焙1~2分钟。表面出现透明糖衣。

12

从烤箱中取出，冷却。放入冰箱稍稍冷却后食用。

烘焙后的糖衣是脆的。使用电烤箱的时候，可以20℃为单位渐渐提高温度。1~2分钟后，蛋糕角应该出现扑哧扑哧的沸腾泡。

糖衣会渐渐熔化，所以不能在冰箱中冷藏太长时间。糖衣开始熔化以后，应该尽早食用。
作为夏季点心，推荐稍微冷藏后食用。但是我个人很喜欢刚出炉的松软喷热口感。您也可以试试哦。
第8步以后，可以密封、冷藏保存2天以后食用。食用时恢复室温，从涂抹果酱开始操作即可。

第八章

口味绝伦的冷凝点心

- ●蜂蜜奶冻
- ●咖啡奶冻
- ●茉莉花茶奶冻

■要不要打制生奶油霜？
　按照个人喜好来做就好。

蜂蜜奶冻

在原本散发杏仁香气的甜点中加入了蜂蜜的甘甜。这是一款用明胶冷凝成的甜点，但是因为多下了点儿功夫，所以令人耳目一新。首先是明胶的配合。需要反复尝试，找到入口即化的配合比例。特别是明胶的品牌不同，效果也参差不齐，所以一定要注意。使用鲜奶油时，一定要注意奶油泡的状态。有人会不经意间打制出市面上花样蛋糕上面的奶油的程度，这就有点儿打过火了，会影响口感哦。另

外，泡沫的状态会对品尝时候的口感产生很大影响，挺有意思吧。鲜奶油的泡沫丰富，香气会悠然荡漾。如果几乎没有鲜奶油泡沫，口感会像布丁、果冻一样QQ的。入口融化以后才能感觉到直爽的香气。对于我来说，搭配茶、咖啡等饮品时，比较喜欢直爽的味道。作为零食品尝时候，比较喜欢慕斯风的奶冻，还有中性的蜂蜜……大家就按照个人喜好，都尝试一下吧。

【材料】

鲜奶油不打泡的布丁款
（140ml左右的容器 3 个份）
　　牛奶 170g
　　蜂蜜 34g
　　鲜奶油 110g
　　明胶块 3g

　　　　　　　　　　　请参考p100的内容。

缓缓打出鲜奶油泡沫的慕斯款
　　牛奶 160g
　　蜂蜜 36g
　　鲜奶油 100g
　　明胶块 3g

　　　　　　　　　　　本书中使用的是法国产
　　　　　　　　　　　薰衣草蜂蜜。薰衣草蜂
　　　　　　　　　　　蜜几乎没有怪味，而且
　　　　　　　　　　　风味十足。推荐使用。

杏酱（请参考p98的内容）

　　　　　　　　　　　浸入水中的时间过长会导
　　　　　　　　　　　致吸水量发生变化。所以
　　　　　　　　　　　一定要遵守时间。捞起的
　　　　　　　　　　　时候注意别掉下去，一次
　　　　　　　　　　　全部捞起以后再滤干。
　　　　　　　　　　　如果在使用前还有一段时
　　　　　　　　　　　间，就用保鲜膜密封后放
　　　　　　　　　　　入冰箱冷藏。

●将明胶块放入冰水中，静
置15~20分钟使其膨胀。然
后用茶网或滤网捞出，滤
干水分。

布丁款
【做法】

牛奶和蜂蜜放入锅中。点
火，搅拌，使其软化。沸
腾后马上从火上取下。

2

加入鲜奶油。

　　　　　　　　　　　放入鲜奶油以后，为了能
　　　　　　　　　　　充分溶解明胶，一定要保
　　　　　　　　　　　证温度在40℃以上。在
　　　　　　　　　　　1中要把牛奶煮沸。但是
　　　　　　　　　　　时间过长会导致牛奶变浓
　　　　　　　　　　　稠，要注意。

3

　　　　　　　　　　　如果这里不太容易溶化，
　　　　　　　　　　　可以重新加热至50℃。

加入膨胀后的明胶，充分
搅拌溶化。

4

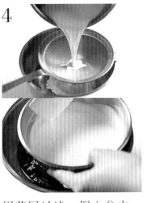

　　　　　　　　　　　这里不需要担心出现油水
　　　　　　　　　　　分离凝固的问题。但是要
　　　　　　　　　　　在出现浓稠感后再倒入容
　　　　　　　　　　　器中，这样，成品的外观
　　　　　　　　　　　比较好看。

用茶网过滤，倒入盆中，
垫在冰水上。间隔性搅拌
一下，直到出现浓稠感为
止。

5

出现浓稠感后倒入容器
中，在冰箱中冷却至少5
小时。食用前浇上杏酱即
可。

慕斯款

【做法】

1

牛奶和蜂蜜放入锅中，点火搅拌使其软化。一旦周边出现沸腾的气泡，就从火上取下。加入膨胀好的明胶，充分搅拌。

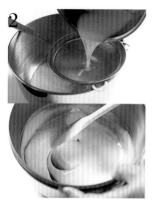

2

用茶网过滤，倒入盆中，垫在冰水上。间隔性搅拌一下，直到出现浓稠感为止。

3

{ 根据个人喜好，打发泡沫的时间可以再延长一点儿。但是要注意如果打发泡沫的时间过长，稍后可能影响冷凝效果。

其间把鲜奶油也同样垫在冰水上，搅拌至出现浓稠感为止。整体呈现流下去以后会留下痕迹，但是很快就消失的柔软感。

4

{ 如果2中的蜂蜜、牛奶也出现了与3相同的黏稠感，就不会发生因分离硬化而失败的情况。

2中的蜂蜜牛奶也出现与3相同的黏稠感后，加入鲜奶油，用刮板混合均匀。

5

倒入布丁模型等容器中，在冰箱中冷藏至少5小时后脱模。食用前浇上杏酱即可。

{ 上面的布丁款非常润滑，凝固效果比较松软。所以直接在容器中食用就好。但是下面慕斯款的冷凝效果更紧致一点儿，所以能够脱模。

小贴士
07

杏酱的做法

材料（1次份）
杏干 50g
细砂糖 30g
柠檬汁 1小茶勺

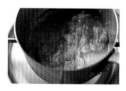

1 洗干净杏干，放入150~200ml的水中（没过杏干）点火煮开后，变成小火慢煮。约20分钟后，杏干变得柔软、水已经低于杏干时关火（途中如果觉得水不够，可以补一点儿水）。

2 捞出杏干，在滤网上剔除皮和粗硬纤维，再放回锅里。加入其他材料继续煮，一边煮一边搅拌。在马上就要沸腾的时候停火。静置冷却。

● 如果在冰箱中保存，可以放置10天左右，美味不会亚于新鲜时的状态。如果使用时觉得过于浓稠，可以加凉水调制。

■香气丰富，洁白美丽。

咖啡奶冻
茉莉花茶奶冻

奶冻原本意为"洁白的食物"。这款从西园金藏先生那里学来的点心，即使是咖啡口味的，也呈现洁白的颜色。说到白色咖啡牛奶的做法，仅仅是把咖啡豆和茶叶放在牛奶中浸泡两晚。异味不会转移，只有香味能够留在牛奶中。同样的方法也可以尝试制作茉莉花茶口味的奶冻。这两款点心都是使用不打制鲜奶油泡沫，味道比较好。

咖啡奶冻

【材料】（90ml左右的容器5～6个份）
牛奶 200g
咖啡豆 23g
细砂糖 27g
鲜奶油 140g
明胶块 3g

【做法】

1 将咖啡豆和牛奶放入密封容器内，在冰箱里冷藏2晚。

2 明胶块的处理方法同【蜂蜜奶冻】中的处理方法。

3 1过筛。咖啡牛奶应该有189g。放入锅中，加入细砂糖，一边搅拌一边加热熔化。沸腾后马上从火上取下来。

4 以下步骤同【蜂蜜奶冻】的布丁款制作步骤2～5。

5 食用时，可以在上面浇上适量（分量外）的温牛奶奶泡。

茉莉花茶奶冻

【材料】（140ml左右的容器3个份）
牛奶 200g
茉莉花茶 8～9g
细砂糖 24g
鲜奶油 120g
明胶块 3g

请使用香气柔和高贵、新鲜的茉莉花茶。

【做法】

将茉莉花茶茶叶在牛奶中浸泡2晚，过筛后可以得到185g。此后的做法同【咖啡奶冻】的做法。食用时不浇牛奶亦可。

小贴士
08

关于明胶

● 本书中使用的是MARUHA明胶。但是Mitten店中通常使用德国产明胶。如果使用后者制作奶冻，需要使用4g的分量。如果你是在点心专门店特意买到德国产明胶，请一定尝试一下。

● 明胶虽量少但效果明显。仅仅1g的差距就会带来很大的不同，所以称量的时候一定要慎重。如果没有微量计，可以一点儿一点儿地放到电子秤上，称得所需要的重量。请反复称重确认。

● 使用粉状明胶时，如果也是MARUHA制品，所需分量基本相同。但是，有时产品批次不同也会出现误差。使用的时候，一定全部浸入到5倍以上的水中。放在冰箱里冷藏20分钟，保证水分的吸收效果。

关于材料

　　对于材料，应该使用质优、新鲜、保存状态良好的材料。

　　中国大陆出售的鸡蛋、黄油、鲜奶油、面粉等与日本市场的产品存在差异，所以会在一定程度上对成品点心的味道、膨胀程度产生不同的影响。另外，因为中国市场的细砂糖也比日本的砂糖略甜、与作者在店里使用的砂糖也有所区别，所以制作奶油酱、白色奶冻、慕斯的时候，可以根据跟人喜好适当的减少细砂糖的使用量。

鸡蛋

本书中提到的鸡蛋重量均为去壳后的可使用重量（g）。所以与鸡蛋的大小没有关系，大家可以选择大小适中的鸡蛋。一般来讲，尺寸比较大的鸡蛋里面蛋白含量都比较多。

黄油

黄油均应使用不含盐分的制品。按照食谱中的要求，有些场合请一定要选择发酵黄油。乳酸发酵后的黄油，有发酵后的独特酸味，香气醇厚悠然。所以使用与否的结果会有很大区别。特别是食谱中没有要求发酵黄油的时候，尽量不要使用。因为这样的点心不需要加入别具个性的香料。本书中食谱的宗旨均为"尽可能发挥素材原本的味道"，所以请务必不同的场合使用不同种类的黄油。

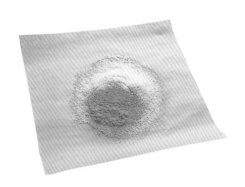

低筋面粉

点心应该散发朴素的面粉香气，所以请使用新鲜的面粉。但是没有必要使用蛋白质含量低、颗粒细碎的高级面粉。确实有些点心对面粉的要求更高，但是本书中设计的点心并不适合很高级的面粉。面粉的颗粒过于细碎，面坯的结合度就会更紧实，那么就会导致点心口感黏稠甚至失去面粉本来的香气。

鲜奶油

本书使用的均为纯鲜奶脂肪含量为45%的鲜奶油。脂肪成分比较容易分离，所以在没有特别要求的情况下，使用前应冰箱保存。

糖粉

有时糖粉中会含有玉米淀粉，但是我们要选择纯粹的糖粉。糖粉很容易受潮，应该密封保存。而且由于糖粉容易凝结成块，所以使用前可以根据需要过筛一下。

细砂糖

请使用点心专用的细粒白砂糖。这样的砂糖即使在冰凉的蛋白中、鲜奶油中，或者是20℃左右的黄油中也很容易溶解。如果没有细砂糖，也可以使用一般的白砂糖。只要稍微用食品搅拌器打细一点儿即可。如果食谱中要求加入细砂糖后继续加热，而且搅拌后需要生成泡沫的场合，就可以使用一般颗粒的白砂糖。

杏仁粉

务必使用品质好、比较新鲜的杏仁粉。由于杏仁的种类不同，味道可能也有差距。我们购买的时候，可以选择使用加利福尼亚州出产的卡米尔杏仁磨制而成的杏仁粉。这种杏仁粉的特点是味道香甜而沉稳。

图书在版编目（CIP）数据

小嶋老师的点心教室 /（日）小嶋留味著；张岚译. —沈
阳：辽宁科学技术出版社，2014.11（2024.7 重印）

ISBN 978-7-5381-8806-6

Ⅰ.①小… Ⅱ.①小… ②张… Ⅲ.①糕点—制
作 Ⅳ.①TS213.2

中国版本图书馆CIP数据核字（2014）第201626号

出版发行：辽宁科学技术出版社
　　　　　（地址：沈阳市和平区十一纬路 25 号　邮编：110003）
印 刷 者：辽宁新华印务有限公司
经 销 者：各地新华书店
幅面尺寸：168mm×236mm
印　　张：6.5
字　　数：150 千字
出版时间：2014 年 11 月第 1 版
印刷时间：2024 年 7 月第 10 次印刷
责任编辑：康　倩
封面设计：魔杰设计
版式设计：袁　舒
责任校对：徐　跃

书　　号：ISBN 978-7-5381-8806-6
定　　价：38.00 元

投稿热线：024-23284367　987642119@qq.com
邮购热线：024-23284502
http://www.lnkj.com.cn